正五角形の
$\dfrac{対角線の長さ}{一辺の長さ}=$ 黄金比
を示す**172**の証明

若原龍彦

創英社／三省堂書店

はじめに

正五角形は対角線によって 2 種類の 3 個の二等辺三角形に分けることができ，これらは黄金三角形と称せられる（鋭角黄金三角形または鈍角黄金三角形）。角は 36°，72°，108° で，36° の整数倍となっている。

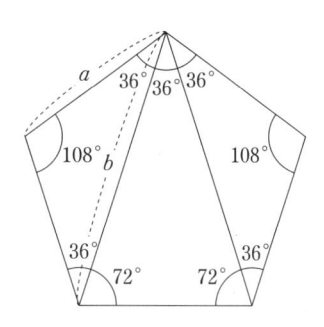

ここで $\cos 36°$ の値を求める。
$36° \times 2 = 180° - 36° \times 3$ であるので

$\sin 72° = \sin(180° - 108°) = \sin 108°$

さらに 2 倍角，3 倍角の公式を使って書き改めると

$2 \sin 36° \cos 36° = 3 \sin 36° - 4 \sin^3 36°$

$2 \cos 36° = 3 - 4 \sin^2 36°$

$2 \cos 36° = 3 - 4(1 - \cos^2 36°)$

整理すると

$4 \cos^2 36° - 2 \cos 36° - 1 = 0$

よって

$\cos 36° = \dfrac{1 + \sqrt{5}}{4}$

次に正五角形の一辺の長さを a，対角線の長さを b とすると，その比は次のとおり

$\dfrac{b}{a} = \dfrac{1 + \sqrt{5}}{2}$

すなわち，黄金比といわれる数字になっている。
黄金比とは，線分を大小の 2 つに分割したときの比率が，元の線分と大きな

線分の比率に等しいときを言う。次の図で

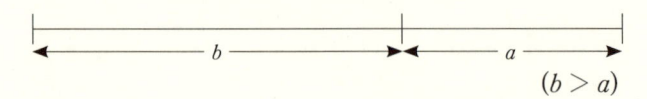

$$b : a = (a+b) : b$$

即ち

$$b^2 - ab - a^2 = 0$$

を解いたときの

$$\frac{b}{a} = \frac{1+\sqrt{5}}{2}$$

を黄金比という。

正五角形から得られる鈍角黄金三角形にあてはめると

右の図で

$$\cos 36° \left(= \frac{1+\sqrt{5}}{4} \right) = \frac{\frac{b'}{2}}{a'} = \frac{b'}{2a'}$$

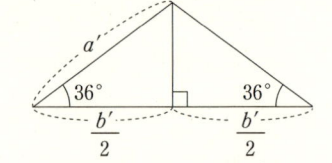

よって確かに

$$\frac{b'}{a'} = \frac{1+\sqrt{5}}{2} = 1.618\cdots\cdots$$

となっている。

横と縦の比が黄金比の長方形は調和のとれた安定感のある図形で，これに近い形は私達の身の回りにも少なくない。例えばテレビ，名刺，手帳などがあり，古くから絵画，建築などにもそれらを見出すことができる。

正五角形の一辺と対角線の比が黄金比であることは数学的に数多くの方法によって示される。

様々な定理，公式を使って示すことは数学を学び，楽しむ一つの方法であると思っている。

目次

第1章　三角形の相似 1

- 1 ⬟ 三角形の相似(1)
- 2 ⬟ 三角形の相似(2)
- 3 ⬟ 三角形の相似(3)
- 4 ⬟ 三角形の相似(4)
- 5 ⬟ 三角形の相似(5)
- 6 ⬟ 三角形の相似(6)
- 7 ⬟ 三角形の相似(7)
- 8 ⬟ 三角形の相似(8)
- 9 ⬟ 三角形の相似(9)
- 10 ⬟ 三角形の相似(10)
- 11 ⬟ 三角形の相似(11)
- 12 ⬟ 三角形の相似(12)
- 13 ⬟ 三角形の相似(13)
- 14 ⬟ 三角形の相似(14)
- 15 ⬟ 三角形の相似(15)
- 16 ⬟ 三角形の相似(16)
- 17 ⬟ 三角形の相似(17)
- 18 ⬟ 三角形の相似(18)
- 19 ⬟ 三角形の相似(19)
- 20 ⬟ 三角形の相似(20)
- 21 ⬟ 三角形の相似(21)

第2章　図形の計量 19

- 22 ⬟ 線分の長さ(1)
- 23 ⬟ 線分の長さ(2)
- 24 ⬟ 線分の長さ(3)
- 25 ⬟ 線分の長さ(4)
- 26 ⬟ 線分の長さ(5)
- 27 ⬟ 線分の長さ(6)
- 28 ⬟ ピタゴラスの定理(1)
- 29 ⬟ ピタゴラスの定理(2)
- 30 ⬟ ピタゴラスの定理(3)
- 31 ⬟ 図形と面積(1)
- 32 ⬟ 図形と面積(2)
- 33 ⬟ 図形と面積(3)
- 34 ⬟ 図形と面積(4)
- 35 ⬟ 図形と面積(5)
- 36 ⬟ 図形と面積(6)

第3章　三角関数 ... 35

37 ● 三角比(1)
38 ● 三角比(2)
39 ● 三角比(3)
40 ● 三角比(4)
41 ● 三角比(5)
42 ● 正十角形(1)
43 ● 正十角形(2)
44 ● 正十角形(3)
45 ● 三角関数の定義と2倍角の公式(1)
46 ● 三角関数の定義と2倍角の公式(2)
47 ● 三角関数の定義と2倍角の公式(3)
48 ● 三角関数の定義と2倍角の公式(4)
49 ● 三角関数の定義と半角の公式(1)
50 ● 三角関数の定義と半角の公式(2)
51 ● 三角関数の定義と半角の公式(3)
52 ● 三角関数の定義と3倍角の公式
53 ● 三角関数の定義とピタゴラスの定理
54 ● 正弦定理と3倍角の公式
55 ● 余弦定理(1)
56 ● 余弦定理(2)
57 ● 余弦定理(3)
58 ● 余弦定理(4)
59 ● 余弦定理(5)
60 ● 余弦定理(6)
61 ● 余弦定理と半角の公式
62 ● 余弦定理と2倍角の公式(1)
63 ● 余弦定理と2倍角の公式(2)
64 ● 余弦定理と3倍角の公式
65 ● 正弦定理と余弦定理(1)
66 ● 正弦定理と余弦定理(2)
67 ● 加法定理(1)
68 ● 加法定理(2)
69 ● 正接の2倍角の公式
70 ● 三角関数の応用(1)
71 ● 三角関数の応用(2)

第4章　平面幾何 ... 71

72 ● 平行線と比例の関係(1)
73 ● 平行線と比例の関係(2)
74 ● トレミーの定理(1)
75 ● トレミーの定理(2)

76 ● メネラウスの定理(1) 　　77 ● メネラウスの定理(2)

78 ● メネラウスの定理(3) 　　79 ● 角の2等分線の定理(1)

80 ● 角の2等分線の定理(2)

81 ● 三角形の相似と角の2等分線の定理

82 ● パップスの定理と余弦定理 　　83 ● 接線の定理(1)

84 ● 接線の定理(2) 　　85 ● 接線の定理(3)

86 ● 接線の定理(4) 　　87 ● 接線の定理(5)

88 ● 接線の定理(6) 　　89 ● 方べきの定理

90 ● 円周角の定理と方べきの定理(1)

91 ● 円周角の定理と方べきの定理(2)

92 ● 円周角の定理と方べきの定理(3)

93 ● 外接円と角の2等分線の関係

94 ● 内接する正五角形 　　95 ● 外接する正五角形

第5章　三角形の面積 …………………………………… 95

96 ● 三角形の面積(1) 　　97 ● 三角形の面積(2)

98 ● 三角形の面積(3) 　　99 ● 三角形の面積(4)

100 ● 三角形の面積(5) 　　101 ● 三角形の面積(6)

102 ● 三角形の面積(7) 　　103 ● 三角形の面積(等積移動)(1)

104 ● 三角形の面積(等積移動)(2) 　　105 ● 三角形の面積(等積移動)(3)

106 ● 三角形の面積(等積移動)(4) 　　107 ● 三角形の面積(等積移動)(5)

108 ● 三角形の面積(等積移動)(6) 　　109 ● 三角形の面積(等積移動)(7)

110 ● 三角形の面積(等積移動)(8) 　　111 ● 三角形の面積(等積移動)(9)

112 ● 三角形の面積(等積移動)(10) 　　113 ● 三角形の面積(等積移動)(11)

114 ● 三角形の面積(等積移動)(12)

115 ● 三角形の面積(ピタゴラスの定理)(1)

116 ● 三角形の面積(ピタゴラスの定理)(2)

117 ● 三角形の面積(2倍角，3倍角の公式)

118 ● 三角形の面積（ピタゴラスの定理と3倍角の公式）

119 ● 三角形の面積（黄金三角形の組合せ）

120 ● 三角形の面積（ヘロンの公式）(1)

121 ● 三角形の面積（ヘロンの公式）(2)

第6章　図形の面積 ———————————— 121

122 ● ひし形の面積(1)　　　　123 ● ひし形の面積(2)

124 ● 平行四辺形の面積(1)　　125 ● 平行四辺形の面積(2)

126 ● 台形の面積(1)　　　　　127 ● 台形の面積(2)

128 ● 台形の面積(3)　　　　　129 ● 台形の面積(4)

130 ● 正五角形の面積

第7章　図形の応用問題 ———————————— 131

131 ● 三角関数とピタゴラスの定理

132 ● 三角形の相似とピタゴラスの定理(1)

133 ● 三角形の相似とピタゴラスの定理(2)

134 ● 三角形の相似とピタゴラスの定理(3)

135 ● 三角形の相似と内接円　　136 ● 余弦定理と三角形の内接円

137 ● 外接円と正弦定理　　　　138 ● 外接円と方べきの定理

第8章　$x-y$ 座標系 ———————————— 143

139 ● $x-y$ 座標と単位円　　　140 ● $x-y$ 座標と外接円(1)

141 ● $x-y$ 座標と外接円(2)

142 ● $x-y$ 座標における2点間の距離(1)

143 ● $x-y$ 座標における2点間の距離(2)

144 ● $x-y$ 座標における2点間の距離(3)

145 ● $x-y$ 座標における2点間の距離(4)

146 ● $x-y$ 座標における2点間の距離(5)

147 ● $x-y$ 座標における2点間の距離(6)

第9章 図形と方程式 ……………………………………… 153

148 ● 図形と方程式(1)　　149 ● 図形と方程式(2)
150 ● 図形と方程式(3)

第10章 ベクトル ……………………………………………… 159

151 ● ベクトル(1)　　152 ● ベクトル(2)
153 ● ベクトル(3)　　154 ● ベクトル(4)
155 ● ベクトル(5)

第11章 無限等比級数 ……………………………………… 165

156 ● 無限等比級数(1)　　157 ● 無限等比級数(2)
158 ● 無限等比級数(3)　　159 ● 無限等比級数(4)
160 ● 無限等比級数(5)　　161 ● 無限等比級数(6)

第12章 敷き詰め ……………………………………………… 173

162 ● 敷き詰めタイル

第13章 微分法 ………………………………………………… 177

163 ● 接線と微分法(1)　　164 ● 接線と微分法(2)

第14章 積分法 ………………………………………………… 181

165 ● 積分法(1)　　166 ● 積分法(2)

第15章 行列 …………………………………………………… 185

167 ● 行列の回転　　168 ● 1次変換

第16章　極座標 — 189

169● 極座標

第17章　複素数平面 — 191

170● 複素数平面(1)　　171● 複素数平面(2)
172● 単位円と5乗根（複素数平面上の正五角形）

第1章
三角形の相似

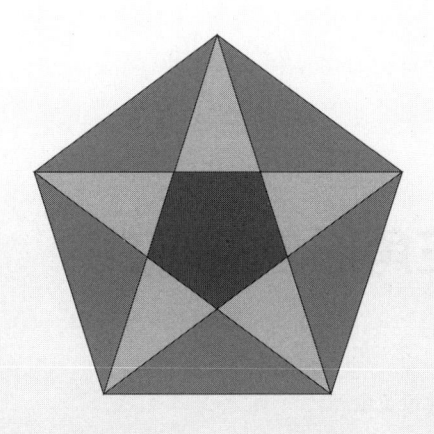

1 三角形の相似(1)

三角形 ABD は鋭角黄金三角形で AB＝BD＝b, AD＝a とする。このとき右図で BC＝AC＝AD＝a, CD＝$b-a$ となり, また △ABD∽△DAC。よって

　　AB：AD＝DA：DC
　　 b ： a ＝ a ：$(b-a)$

よって　$a^2 = b(b-a)$

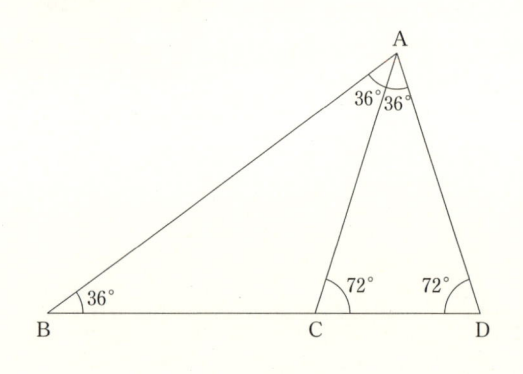

∴　$b^2 - ab - a^2 = 0$　より　$\dfrac{b}{a} = \dfrac{1+\sqrt{5}}{2}$

2 三角形の相似(2)

三角形 ABD は鋭角黄金三角形で AB＝BD＝b, AD＝a である。

△ABD∽△DAC　より
　　AB：AD＝DA：DC
∴　b ： a ＝ a ：DC

よって　DC＝$\dfrac{a^2}{b}$

次に　$BC = AC = AD = a$ で　$CD = BD - BC = b - a$

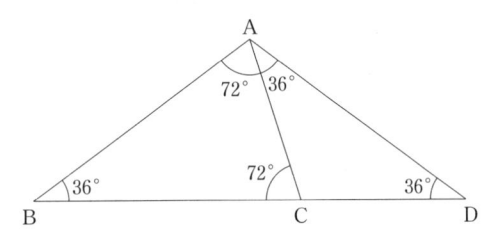

よって　$\dfrac{a^2}{b} = b - a$

∴　$b^2 - ab - a^2 = 0$　より　$\dfrac{b}{a} = \dfrac{1 + \sqrt{5}}{2}$　となる。

3 三角形の相似(3)

△ABD は $AB = AD = a$,
$BD = b$ の鈍角黄金三角形
とする。
$AC = CD = b - a$ であり，また
　△ABD ∽ △CDA
よって　$AB : BD = CD : DA$　から　$a : b = (b-a) : a$
　∴　$b(b-a) = a^2$
　　$b^2 - ab - a^2 = 0$
　∴　$\dfrac{b}{a} = \dfrac{1 + \sqrt{5}}{2}$

4 三角形の相似(4)

△ABD は鈍角黄金三角形で
$AB = AD = a$, $BD = b$ である。
$BC = BA = a$，よって
$CD = BD - BC = b - a$

次に △ABD∽△CDA なので

AB : BD = CD : DA

∴ $a : b$ = CD : a

よって DC = $\dfrac{a^2}{b}$

以上より

$$b - a = \dfrac{a^2}{b}$$

∴ $b^2 - ab - a^2 = 0$ より $\dfrac{b}{a} = \dfrac{1+\sqrt{5}}{2}$ となる。

5 三角形の相似(5)

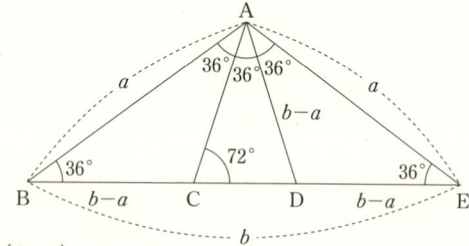

△ABE は AB = AE = a,
BE = b の鈍角黄金三角形
とする。

BC = BE − CE = $b - a$ = DE

∴ CD = BE − BC − DE = $b - 2(b-a) = 2a - b$

△ABD∽△DAC より AB : AD = DA : DC

∴ $a : (b-a) = (b-a) : (2a-b)$

$(b-a)^2 = a(2a-b)$

∴ $b^2 - ab - a^2 = 0$

よって $\dfrac{b}{a} = \dfrac{1+\sqrt{5}}{2}$

6 三角形の相似(6)

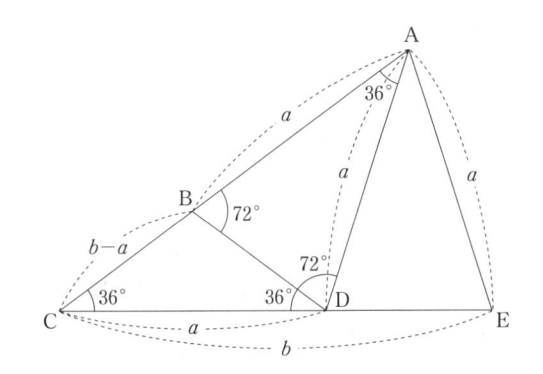

△ACE は AC = CE = b,
AE = a の鋭角黄金三角形
である。
BC = $b-a$ で
△BCD ∽ △DAC より
 BC : CD = DA : AC
即ち
 $(b-a) : a = a : b$
∴ $(b-a)b = a^2$
 $b^2 - ab - a^2 = 0$
よって $\dfrac{b}{a} = \dfrac{1+\sqrt{5}}{2}$

7 三角形の相似(7)

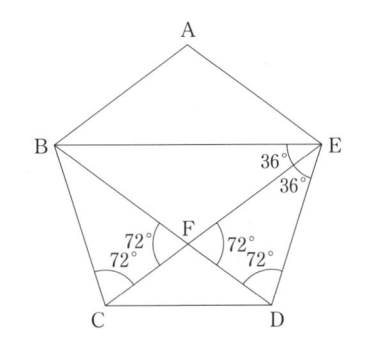

正五角形 ABCDE の一辺の長さを a,
対角線の長さを b とする
△EBC ∽ △EFD より
 BE : BC = FE : FD
ここで FE = DE = a
FD = BD − BF = $b − a$ より

$$b : a = a : (b-a)$$

よって $a^2 = b(b-a)$

∴ $b^2 - ab - a^2 = 0$

$$\frac{b}{a} = \frac{1+\sqrt{5}}{2}$$

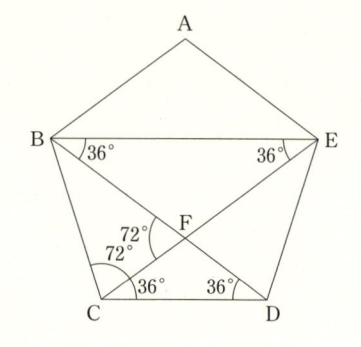

8 三角形の相似(8)

一辺の長さ a，対角線の長さ b の
正五角形 ABCDE において

　△EBF ∽ △CDF

よって

　EB : BF = CD : DF

ここで　BF = BC = a,

　DF = DB − FB = $b-a$

よって

　$b : a = a : (b-a)$

∴　$a^2 = b(b-a)$

従って　$b^2 - ab - a^2 = 0$　より　$\dfrac{b}{a} = \dfrac{1+\sqrt{5}}{2}$

9 三角形の相似(9)

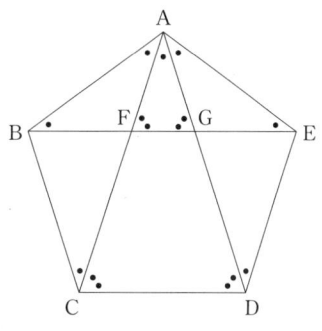

正五角形 ABCDE の一辺の長さを a,
対角線の長さを b とする
$FG = BG - BF = BG - (BE - FE)$
$\quad = a - (b - a) = 2a - b$
$AF = AC - FC = b - a$
$\triangle AFG \infty \triangle ACD$ より
$\quad AF : FG = AC : CD$
∴ $(b-a) : (2a-b) = b : a$
$\quad a(b-a) = b(2a-b)$
よって $b^2 - ab - a^2 = 0$ より $\dfrac{b}{a} = \dfrac{1+\sqrt{5}}{2}$

・は 36° の大きさを表わす。

10 三角形の相似(10)

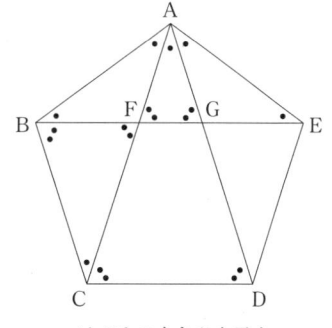

一辺の長さ a, 対角線の長さ b の
正五角形 ABCDE において
右図より
$\triangle CFB \infty \triangle ACD$
従って
$\quad CF : FB = AC : CD$
$\quad a \ : FB = \ b \ : \ a$

・は 36° の大きさを示す。

∴ $FB = \dfrac{a^2}{b} (= GE)$

また $AF = AG = GE = \dfrac{a^2}{b}$

次に $\triangle AFG \circ\!\!\!\!\!\backsim \triangle ACD$ より

$AF : FG = AC : CD$

∴ $FG = BE - BF - GE = b - \dfrac{a^2}{b} - \dfrac{a^2}{b} = b - \dfrac{2a^2}{b}$ を使って

$\dfrac{a^2}{b} : \left(b - \dfrac{2a^2}{b}\right) = b : a$

$a \cdot \dfrac{a^2}{b} = b\left(b - \dfrac{2a^2}{b}\right)$

整理して

$b^3 - 2a^2 b - a^3 = 0$

$(b+a)(b^2 - ab - a^2) = 0$

よって $\dfrac{b}{a} = \dfrac{1+\sqrt{5}}{2}$

11 三角形の相似(11)

正五角形 $ABCDE$ の一辺の長さを a,
対角線の長さを b とする

$\triangle ABF \circ\!\!\!\!\!\backsim \triangle BEA$

∴ $AB : BF = BE : EA$

$a : BF = b : a$

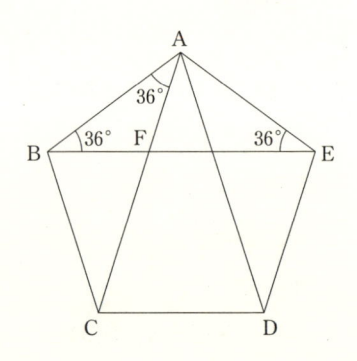

よって $BF = \dfrac{a^2}{b}$

また　$AB \cdot EA = BF \cdot BE$ で $EA = AB$ であるので $AB^2 = BF \cdot BE$
$\qquad\qquad\qquad = BF(BF+FE)$

より　$a^2 = \dfrac{a^2}{b}\left(\dfrac{a^2}{b}+a\right)$

$\therefore\ a^2 = \dfrac{a^4}{b^2} + \dfrac{a^3}{b}$

よって　$a^2 b^2 = a^3 b + a^4$

従って　$b^2 - ab - a^2 = 0$　より　$\dfrac{b}{a} = \dfrac{1+\sqrt{5}}{2}$　が得られる。

12 三角形の相似(12)

一辺の長さ a, 対角線の長さ b の
正五角形 ABCDE において
右図より
$\triangle CFB \infty \triangle ACD$
従って
　CF : FB = AC : CD
　a : FB = b : a

よって　$FB = \dfrac{a^2}{b}$,　また　$AF = \dfrac{a^2}{b}$,　$GE = \dfrac{a^2}{b}$

次に
　AF : FG = AC : CD
$\therefore$　AF : (FE$-$GE) = (AF$+$FC) : CD
　$\dfrac{a^2}{b} : \left(a - \dfrac{a^2}{b}\right) = \left(\dfrac{a^2}{b} + a\right) : a$

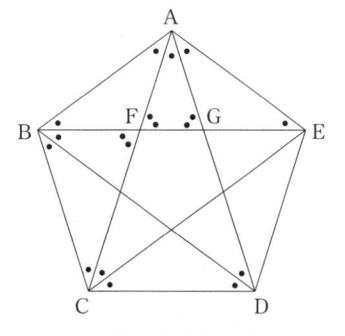

・は 36° の大きさを示す。

よって $\dfrac{a^3}{b} = \left(a - \dfrac{a^2}{b}\right)\left(a + \dfrac{a^2}{b}\right)$

$\dfrac{a^3}{b} = a^2 - \dfrac{a^4}{b^2}$

$a^3 b = a^2 b^2 - a^4$

$b^2 - ab - a^2 = 0$

従って $\dfrac{b}{a} = \dfrac{1+\sqrt{5}}{2}$

13 三角形の相似(13)

△ABF ∽ △ACD より

AB : BF = AC : CD

a : BF = b : a

よって BF = $\dfrac{a^2}{b}$

また GD = $\dfrac{a^2}{b}$

次に FG = BD − BF − GD

$= b - 2\dfrac{a^2}{b}$

さらに △ABF ≡ △AFH より FH = BF = $\dfrac{a^2}{b}$

ところが △FGH は鈍角黄金三角形であるので

FG : FH = CD : CE

∴ $\left(b - 2\dfrac{a^2}{b}\right) : \dfrac{a^2}{b} = a : b$

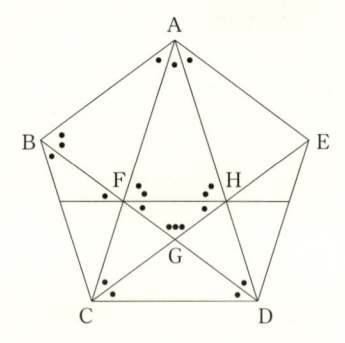

正五角形の一辺の長さを a, 対角線の長さは b である。また • は 36° の大きさを示す。

よって $b\left(b-\dfrac{2a^2}{b}\right)=\dfrac{a^3}{b}$ より

$b^3-2a^2b-a^3=0$

∴ $(b+a)(b^2-ab-a^2)=0$

∴ $\dfrac{b}{a}=\dfrac{1+\sqrt{5}}{2}$

14 三角形の相似(14)

右の図で ∠FBD = 108°
また ∠FDB = 36° であるので
∠BFD = 36° となり
FB = BD = x とおくと
△FCB と △FDA は
相似であることから

　FB : BC = FA : AD　即ち

　x : 1 = $(x+1)$: x

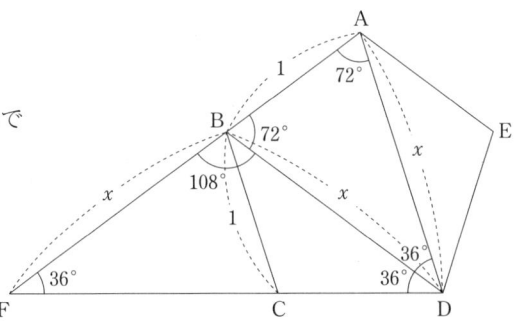

∴ $x^2=x+1$

よって $x=\dfrac{1+\sqrt{5}}{2}$

正五角形 ABCDE の一辺の長さは 1，対角線の長さは x である。

15 三角形の相似(15)

正五角形の一辺の長さを a,
対角線の長さを b とする。
$\triangle CDB \equiv \triangle ADE$ なので
　$BC = CD = b$
次に　$\triangle ABF \infty \triangle ACE$
より
　$AB : AF = AC : AE$
　$a : (b-a) = (a+b) : b$
よって
　$(b-a)(a+b) = ab$

$\therefore\ b^2 - ab - a^2 = 0$　より　$\dfrac{b}{a} = \dfrac{1+\sqrt{5}}{2}$

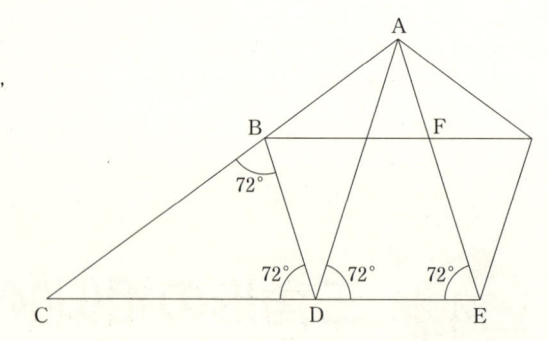

16 三角形の相似(16)

右図で　$\triangle ABD \infty \triangle ECD$
より
　$AB : BD = EC : CD$
ここで
　$\triangle BCA \equiv \triangle GCD$　より
　$BA = BC = b$

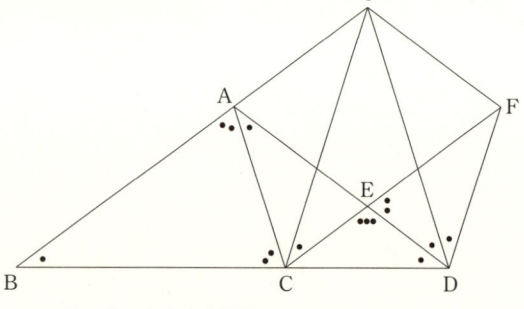

・は $36°$ の大きさを示す。
正五角形 ACDFG の一辺は a, 対角線は b である。

また　CE = CF − EF
$$= b - a$$
よって
$$b : (b+a) = (b-a) : a$$
これから　$(b+a)(b-a) = ab$, 即ち　$b^2 - ab - a^2 = 0$　となって
$\dfrac{b}{a} = \dfrac{1+\sqrt{5}}{2}$　が得られる。

17 三角形の相似(17)

BD∥CF とする。∠FCD = ∠CDB = 36°

∠CFD = ∠BDA = 36°

よって　∠FCD = ∠CFD　より

　DF = DC = a

次に　△ACF∽△FDC　より

　FA : AC = CF : FD

　$(a+b) : b = b : a$

(∵　∠CAD = ∠CFD　より　CF = CA = b)

よって　$a(a+b) = b^2$

∴　$b^2 - ab - a^2 = 0$

　$\dfrac{b}{a} = \dfrac{1+\sqrt{5}}{2}$

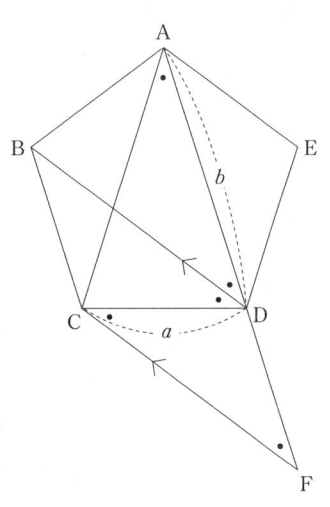

・は 36° を表わす。

18 三角形の相似(18)

図で DE ∥ BC とする。
△ABC ∽ △ADE より
　BC : AC = DE : AE
よって
　BC : a = a : b
従って　BC = $\dfrac{a^2}{b}$

次に　△ABC ≡ △FCE
より　BC = CE,
また　BD = CE であり,
よって　BD = BC = $\dfrac{a^2}{b}$

次に　AD : DE = AB : BC　即ち　(AB+BD) : DE = AB : BC　より

$\left(a + \dfrac{a^2}{b}\right) : a = a : \dfrac{a^2}{b}$

∴　$a^2 = \dfrac{a^2}{b}\left(a + \dfrac{a^2}{b}\right)$

　$a^2 b^2 = a^4 + a^3 b$
　$b^2 = a^2 + ab$
　$b^2 - ab - a^2 = 0$

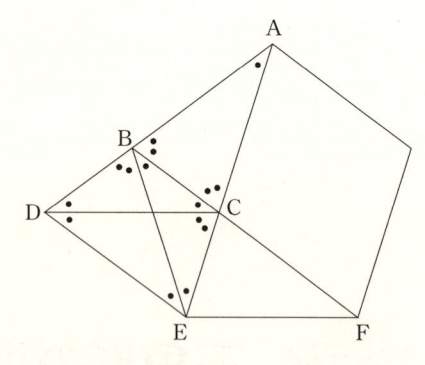

よって　$\dfrac{b}{a} = \dfrac{1+\sqrt{5}}{2}$

正五角形の一辺の長さを a, 対角線の長さを b とする。
・1点は 36° の大きさを表わす。

19 三角形の相似(19)

右図で BD ∥ FG とする。

∠DGC = ∠ADB = 36°

∠GCD = ∠BDC = 36°

よって DG = DC = a

∠AFC = ∠ABD = 72°

∠ACF = ∠ACB + ∠BCF

  = ∠ACB + ∠CBD = 72°

よって AF = AC = b

ここで △ABD ∽ △AFG より

  AB : AD = AF : AG

    = AF : (AD + DG)

∴ $a : b = b : (b+a)$

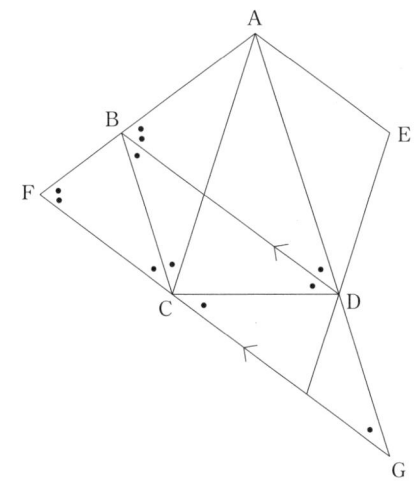

よって $b^2 - ab - a^2 = 0$ より $\dfrac{b}{a} = \dfrac{1+\sqrt{5}}{2}$

正五角形 ABCDE の一辺の長さを a, 対角線の長さを b とする。
• 1点は 36°の大きさを表わす。

20 三角形の相似⑳

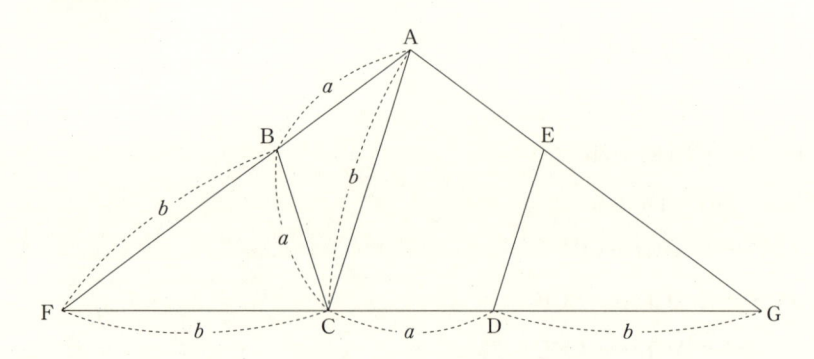

正五角形 ABCDE の一辺の長さを a, 対角線の長さを b とする。

上の図において △FCB は, 辺の長さが b, a の鋭角黄金三角形となる。

△AFG∽△CAF となるので

$\quad$ CA：AF＝AF：FG

∴ $\quad$ CA：(AB＋BF)＝(AB＋BF)：(FC＋CD＋DG)

即ち

$\quad b：(a+b)=(a+b)：(b+a+b)$

∴ $\quad b(2b+a)=(a+b)^2$

整理すると

$\quad b^2-ab-a^2=0$

$\quad \dfrac{b}{a}=\dfrac{1+\sqrt{5}}{2}$

(参考)

△CAB∽△FGA としてもよい。

三角形の相似(21)

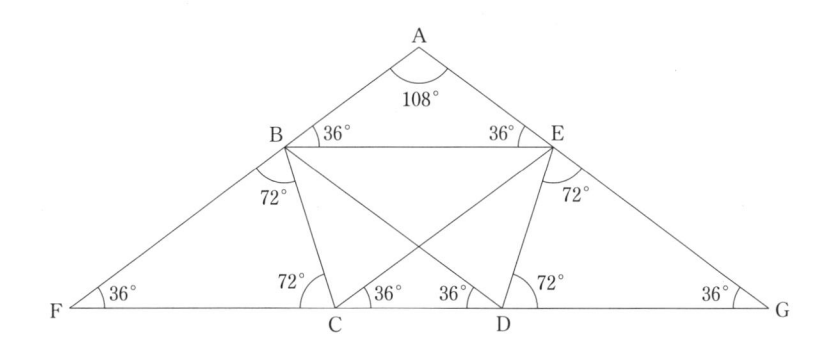

正五角形 ABCDE の外側に鋭角黄金三角形 FCB と GED を描く。ここで BE＝b＝BD＝BF＝CF，同様に DG＝b，AB＝a＝CD である。

次に △ABE∽△AFG であることから

$$\frac{AB}{BE}=\frac{AF}{FG}=\frac{AB+BF}{FC+CD+DG}$$

つまり

$$\frac{a}{b}=\frac{a+b}{b+a+b}$$

∴ $b^2-ab-a^2=0$

よって $\dfrac{b}{a}=\dfrac{1+\sqrt{5}}{2}$

三 年のはじめに

第2章
図形の計量

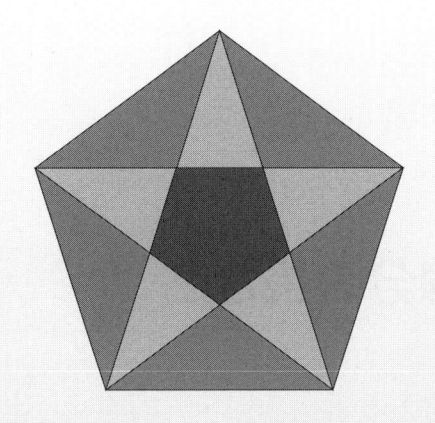

22 線分の長さ(1)

$AB = BD = b$, $AD = a$ の
鋭角黄金三角形において
 $BC = CA = AD = a$,
△ABD ∽ △DAC より
 $AB : AD = DA : DC$ で
 $b : a = a : CD$
∴ $CD = \dfrac{a^2}{b}$

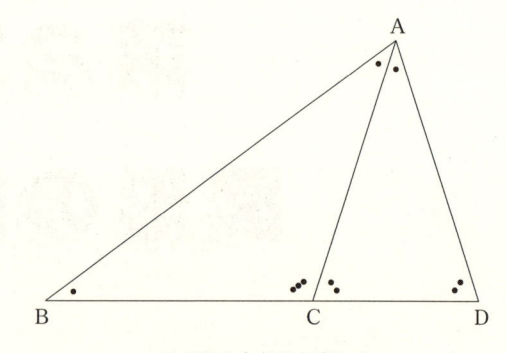

$b = BD = BC + CD = a + \dfrac{a^2}{b}$

即ち $b = a + \dfrac{a^2}{b}$ より $b^2 - ab - a^2 = 0$ となって $\dfrac{b}{a} = \dfrac{1+\sqrt{5}}{2}$

・は 36° の大きさを表わす。

23 線分の長さ(2)

右図は正五角形の一部で,
$AB = a$, $BE = b$ である。
△ABE ∽ △CAB より
 $AB : BE = CA : AB$
即ち $a : b = CA : a$
従って $CA = \dfrac{a^2}{b} = BC$

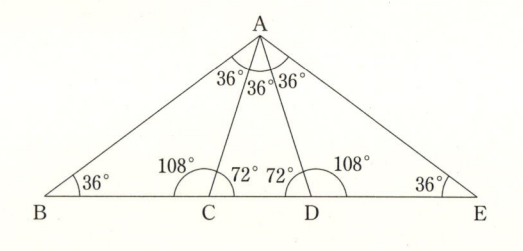

ここで　$BE = BC + CE = BC + AE$

即ち　$b = \dfrac{a^2}{b} + a$

∴　$b^2 - ab - a^2 = 0$

これから　$\dfrac{b}{a} = \dfrac{1+\sqrt{5}}{2}$

24 線分の長さ(3)

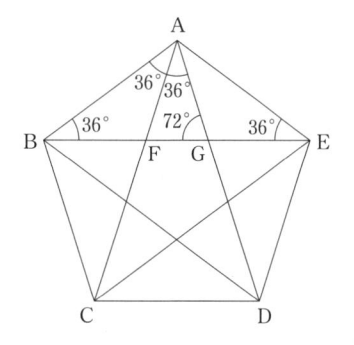

$\triangle ABE \backsim \triangle FAB$　より

　$BE : EA = AB : BF$

よって　$b : a = a : BF$

∴　$BF = \dfrac{a^2}{b}$

また　$\triangle ACD \backsim \triangle AFG$　より

　$AC : CD = AF : FG$

ここで　$AF = BF = \dfrac{a^2}{b}$　より

　$b : a = \dfrac{a^2}{b} : FG$

∴　$FG = \dfrac{a^3}{b^2}$

正五角形 ABCDE において $AB = a$, $BE = b$ とする。

$\triangle ABG$ は $\angle BAG = \angle BGA = 72°$ の二等辺三角形なので　$BG = a$

また　$BG = BF + FG$ であり　結局

$$a = \dfrac{a^2}{b} + \dfrac{a^3}{b^2}$$

よって　$ab^2 - a^2b - a^3 = 0$　から　$b^2 - ab - a^2 = 0$　となって　$\dfrac{b}{a} = \dfrac{1+\sqrt{5}}{2}$

が求められる。

25 線分の長さ(4)

△ABE ∽ △FAB より

$\dfrac{AB}{BE} = \dfrac{FA}{AB}$ ∴ $\dfrac{a}{b} = \dfrac{FA}{a}$

よって $FA = \dfrac{a^2}{b}$, 同様に $GE = \dfrac{a^2}{b}$

△AFG ∽ △ACD より

$\dfrac{AF}{FG} = \dfrac{AC}{CD}$ ∴ $\dfrac{\frac{a^2}{b}}{FG} = \dfrac{b}{a}$

よって $FG = \dfrac{a^3}{b^2}$

$BE = b = BF + FG + GE = \dfrac{a^2}{b} + \dfrac{a^3}{b^2} + \dfrac{a^2}{b} = \dfrac{a^2b + a^3 + a^2b}{b^2}$

従って $b^3 = 2a^2b + a^3$

∴ $\left(\dfrac{b}{a}\right)^3 - 2\left(\dfrac{b}{a}\right) - 1 = 0$

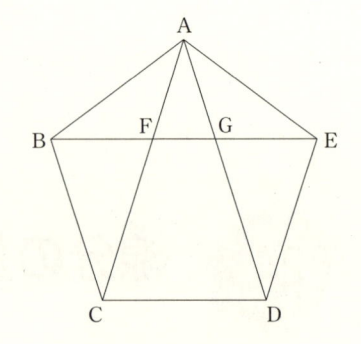

  $\left(\dfrac{b}{a} + 1\right)\left\{\left(\dfrac{b}{a}\right)^2 - \dfrac{b}{a} - 1\right\} = 0$

よって $\dfrac{b}{a} = \dfrac{1+\sqrt{5}}{2}$

正五角形の一辺の長さ a
対角線の長さ b

26 線分の長さ(5)

右の，一辺が a，対角線が b の正五角形に描かれた三角形について

$\triangle ACG \backsim \triangle CBH$ より

　$AC : CG = CB : BH$

　　$b : \dfrac{a}{2} = a : BH$

よって　$BH = \dfrac{a^2}{2b}$, また　$EF = \dfrac{a^2}{2b}$

次に　$HF = CD = a$　より

　　$b = BE = BH + HF + FE = \dfrac{a^2}{2b} + a + \dfrac{a^2}{2b}$

よって　$2b^2 = 2a^2 + 2ab$ となって

　　$b^2 - ab - a^2 = 0$

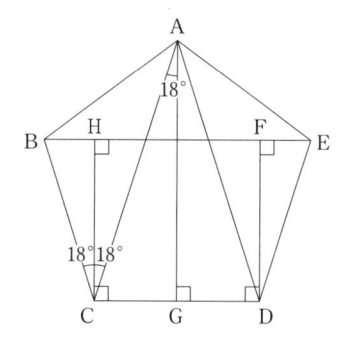

∴　$\dfrac{b}{a} = \dfrac{1+\sqrt{5}}{2}$

27 線分の長さ(6)

正五角形 ABCDE の外側に FH ∥ CD となるように（右図のとおり）鋭角黄金三角形 FGH を描く。

$FA = BA = AE = AH = a$, だから

$FH = 2a$

$\triangle FGH \backsim \triangle CGD$

より　$FH : FG = CD : CG$

　　　　$2a : FG = a : b$ （∵ $\triangle ACD \equiv \triangle GDC$）

∴　$FG = 2b$　よって　$FC = FG - CG = 2b - b = b$

次に　$\triangle AFB \backsim \triangle ACD$　から

　$AF : FB = AC : CD$　即ち　$a : FB = b : a$

より　$FB = \dfrac{a^2}{b}$

ここで　$FC = FB + BC$　即ち　$b = \dfrac{a^2}{b} + a$　から　$b^2 - ab - a^2 = 0$

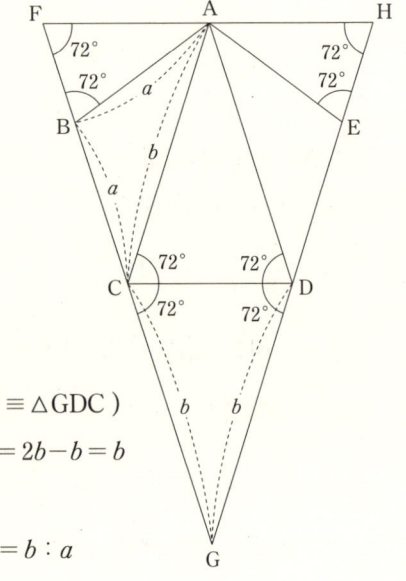

よって　$\dfrac{b}{a} = \dfrac{1 + \sqrt{5}}{2}$

28 ピタゴラスの定理(1)

△ABE は鈍角黄金三角形で
  AB ＝ AE ＝ a，BE ＝ b
である。
図で CE ＝ a とすると

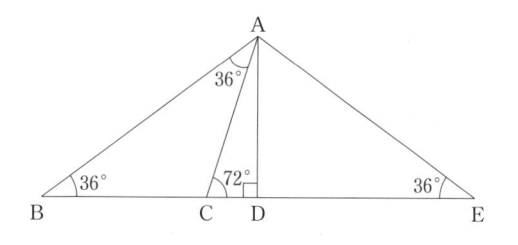

  $CD = BD - BC = \dfrac{b}{2} - (b-a) = \dfrac{2a-b}{2}$, $AC = BC = b-a$

より

  $AD^2 = AC^2 - CD^2 = (b-a)^2 - \left(\dfrac{2a-b}{2}\right)^2 = \dfrac{3b^2 - 4ab}{4}$

  $AD^2 = AB^2 - BD^2 = a^2 - \left(\dfrac{b}{2}\right)^2 = \dfrac{4a^2 - b^2}{4}$

よって $\dfrac{3b^2 - 4ab}{4} = \dfrac{4a^2 - b^2}{4}$

∴ $4b^2 - 4ab - 4a^2 = 0$

従って $b^2 - ab - a^2 = 0$ より $\dfrac{b}{a} = \dfrac{1+\sqrt{5}}{2}$ が得られる。

29 ピタゴラスの定理(2)

$\triangle ABE$ は $AB = BE = b$, $AE = a$ の鋭角黄金三角形とする。

まず BD, AD を求める。

$$CD = \frac{1}{2}CE = \frac{1}{2}(BE - BC)$$

$$= \frac{1}{2}(b - a) = DE$$

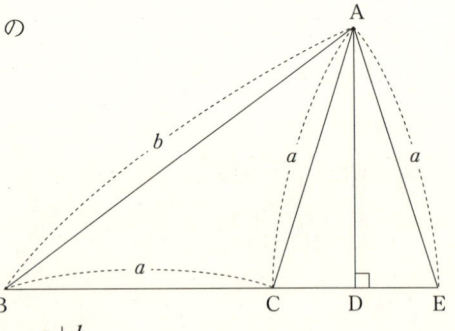

$\therefore\quad BD = BC + CD = a + \frac{1}{2}(b - a) = \frac{a+b}{2}$

次にピタゴラスの定理によって

$$AD^2 = AE^2 - DE^2 = a^2 - \left(\frac{b-a}{2}\right)^2$$

また $AB^2 = BD^2 + AD^2$ より

$$b^2 = \left(\frac{a+b}{2}\right)^2 + a^2 - \left(\frac{b-a}{2}\right)^2$$

これを整理すると

$$b^2 - ab - a^2 = 0$$

$\therefore\quad \dfrac{b}{a} = \dfrac{1+\sqrt{5}}{2}$

30 ピタゴラスの定理(3)

△ABE は AB = BE = b, AE = a の鋭角黄金三角形とする。

次に右図で
BC = CA = AE = a であり
ここで BD = x,
CD = DE = y とおくと,
BD − CD = BC より $x − y = a$
BD + DE = BE より $x + y = b$

よって $x = \dfrac{a+b}{2}$, $y = \dfrac{b-a}{2}$ が得られる。

ピタゴラスの定理より
 $AD^2 = AB^2 − BD^2$
 $AD^2 = AE^2 − DE^2$
よって $AB^2 − BD^2 = AE^2 − DE^2$

即ち $b^2 − \left(\dfrac{a+b}{2}\right)^2 = a^2 − \left(\dfrac{b-a}{2}\right)^2$

$\left(b − \dfrac{a+b}{2}\right)\left(b + \dfrac{a+b}{2}\right) = \left(a − \dfrac{b-a}{2}\right)\left(a + \dfrac{b-a}{2}\right)$

$\dfrac{2b-a-b}{2} \cdot \dfrac{2b+a+b}{2} = \dfrac{2a-b+a}{2} \cdot \dfrac{2a+b-a}{2}$

∴ $(−a+b)(a+3b) = (3a−b)(a+b)$

整理して
 $4b^2 − 4ab − 4a^2 = 0$

よって $b^2 − ab − a^2 = 0$ より $\dfrac{b}{a} = \dfrac{1+\sqrt{5}}{2}$ が得られる。

31 図形と面積(1)

△ABD は鋭角黄金三角形である。

△ABD ∽ △DAC　即ち

　AB：AD＝DA：DC　より

　　$b : a = a : CD$

∴　$CD = \dfrac{a^2}{b}$

BEGD は一辺が b の正方形
とする。

$b^2 =$ 正方形 BEGD

　　$=$ 長方形 BEFC

　　　$+$ 長方形 CFGD

　　$= ab + \dfrac{a^2}{b} \cdot b$

　　$= ab + a^2$

∴　$b^2 - ab - a^2 = 0$

　　$\dfrac{b}{a} = \dfrac{1+\sqrt{5}}{2}$

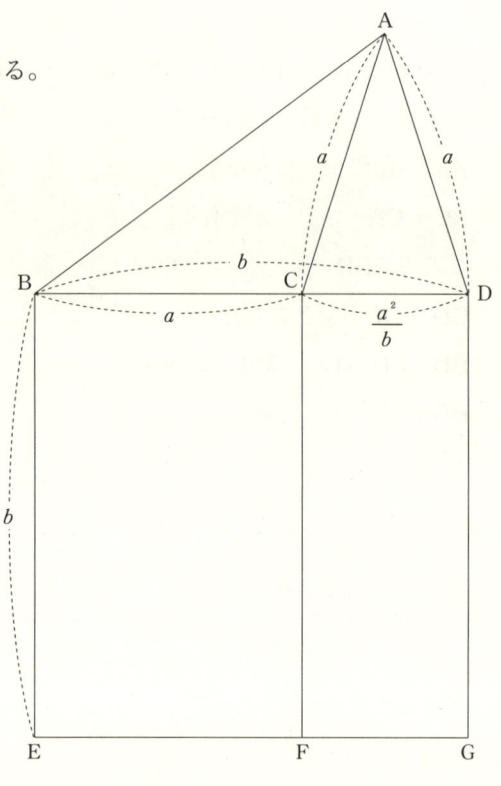

32 図形と面積(2)

△ABD は鋭角黄金三角形で BGJD は一辺が b の, また BEFC は一辺が a の正方形である。

△ABD ∽ △DAC より

$$CD = \frac{a^2}{b}$$

$b^2 - a^2$
　= 正方形 BGJD
　　－正方形 BEFC
　= 長方形 EGHF
　　＋長方形 CHJD
　= 長方形 EGHF
　　＋CD×DJ
　= 長方形 EGHF $+ \dfrac{a^2}{b} \cdot b$
　= 長方形 EGHF $+ a^2$
　= 長方形 EGHF
　　＋正方形 BEFC
　= 長方形 BGHC
　= BC×BG
　= ab

即ち　$b^2 - ab - a^2 = 0$　から　$\dfrac{b}{a} = \dfrac{1+\sqrt{5}}{2}$

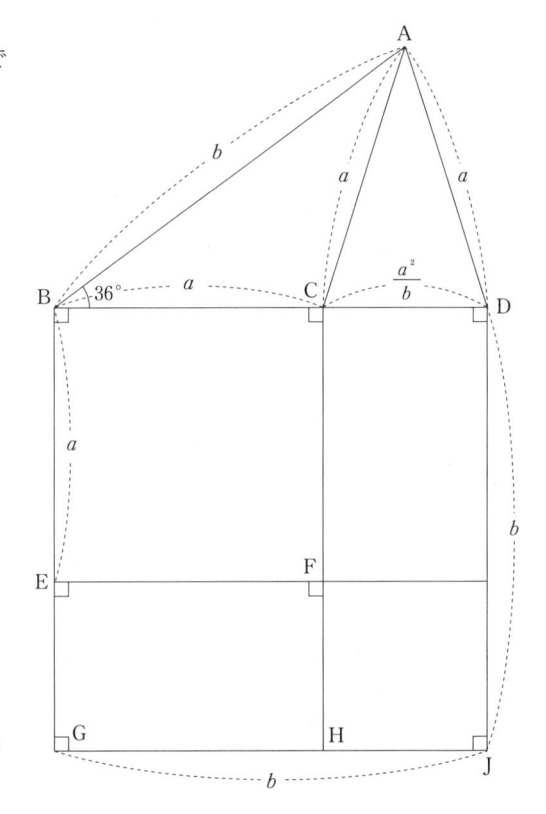

33 図形と面積(3)

△ABD は鋭角黄金三角形で
  AB：AD＝AD：CD
より　$b:a=a:$CD　から
  CD＝$\dfrac{a^2}{b}$

BGJD は一辺が b の正方形，
BEFC は一辺が a の正方形
とする。

正方形 BGJD ＝
　　正方形 BEFC
　　＋長方形 EGHF
　　＋長方形 CHJD

∴　$b^2 = a^2 + a(b-a) + b \cdot \dfrac{a^2}{b}$

即ち
　　$b^2 - ab - a^2 = 0$

よって　$\dfrac{b}{a} = \dfrac{1+\sqrt{5}}{2}$

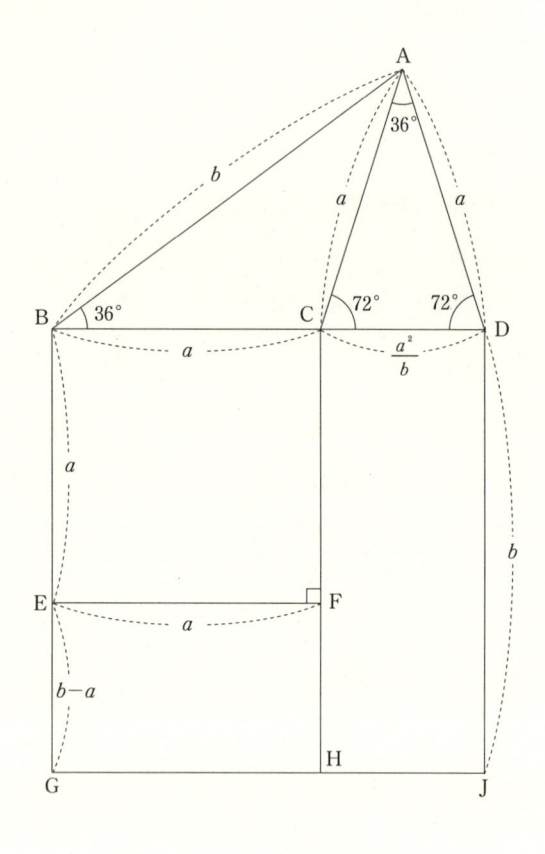

34 図形と面積(4)

△ABE は AB＝BE＝b, AE＝a の鋭角黄金三角形である。

　右図において　b^2-a^2
$= AB^2 - AC^2$
$= (AD^2 + BD^2)$
　　$- (AD^2 + CD^2)$
$= BD^2 - CD^2$
$=$ 正方形 BJLD
　　$-$ 正方形 CFGD
$=$ 図形 BJLGFC
$=$ 長方形 BMNC
$= BC \times BM$
$= BC \times (BJ + JM)$
$= a \times \left(a + \dfrac{b-a}{2} + \dfrac{b-a}{2}\right)$
$= ab$

よって　$b^2 - a^2 = ab$　より　$b^2 - ab - a^2 = 0$　が導かれて，これを解いて
$\dfrac{b}{a} = \dfrac{1+\sqrt{5}}{2}$

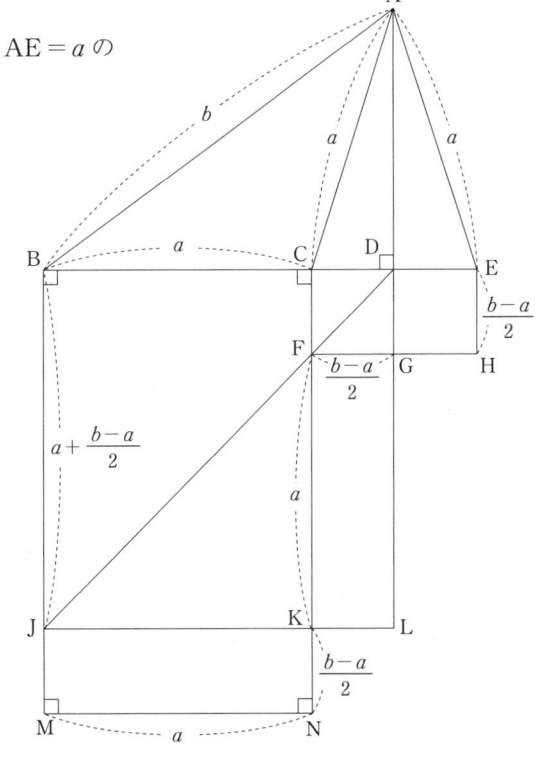

35 図形と面積(5)

△ABD は AB = BD = b, AD = a の鋭角黄金三角形, BEGD は一辺が b の正方形, EHKG は一辺が a, b の長方形である。

△ABD ∽ △DAC より

　AB : AD = DA : DC

　b : a = a : DC

よって　DC = $\dfrac{a^2}{b}$

また　BC = CA = AD = a

次に

b^2 = 正方形 BEGD

　　= 長方形 BEFC
　　　+ 長方形 CFGD

　　= 長方形 BEFC + CF·CD

　　= 長方形 BEFC + $b \cdot \dfrac{a^2}{b}$

　　= 長方形 BEFC + a^2

　　= 長方形 BEFC
　　　+ 正方形 EHJF

　　= 長方形 BHJC

　　= BH·BC

　　= $(a+b)a$

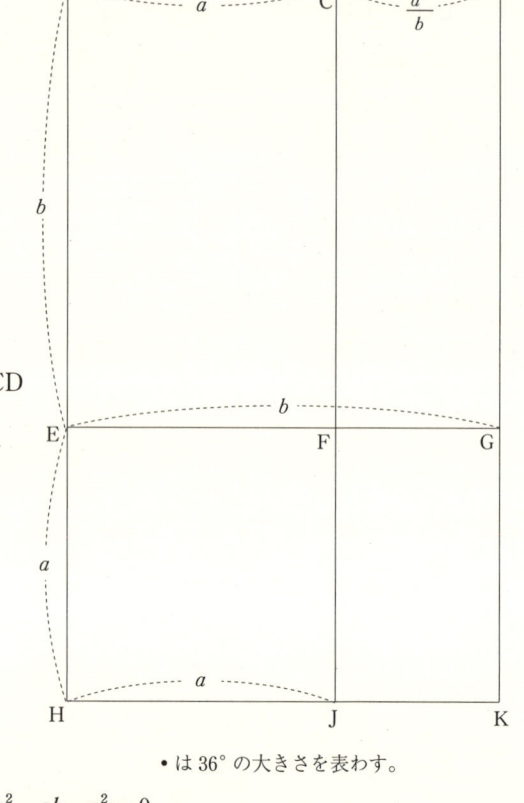

∴　$b^2 = (a+b)a$　より　$b^2 - ab - a^2 = 0$

よって　$\dfrac{b}{a} = \dfrac{1+\sqrt{5}}{2}$

● は 36° の大きさを表わす。

36 図形と面積(6)

△ABD は AB = BD = b, AD = a の鋭角黄金三角形, BEGD は一辺が b の正方形, EHKG は一辺が a, b の長方形である。

△ABD ∽ △DAC より

　AB : AD = DA : DC

　b : a = a : DC

よって　DC = $\dfrac{a^2}{b}$

また　BC = CA = AD = a

　長方形 CJKD = CD·CJ

　= (BD − BC)(CF + FJ)

　= $(b-a)(b+a) = b^2 - a^2$

他方

　長方形 CJKD

　= 長方形 CFGD

　　＋長方形 FJKG

　= CD·CF ＋長方形 FJKG

　= $\dfrac{a^2}{b}\cdot b$ ＋長方形 FJKG

　= a^2 ＋長方形 FJKG

　= 正方形 EHJF ＋長方形 FJKG

　= 長方形 EHKG = EH·HK = ab

・は 36° の大きさを表わす。

以上により　$b^2 - a^2 = ab$　従って　$b^2 - ab - a^2 = 0$　より　$\dfrac{b}{a} = \dfrac{1+\sqrt{5}}{2}$

第3章
三角関数

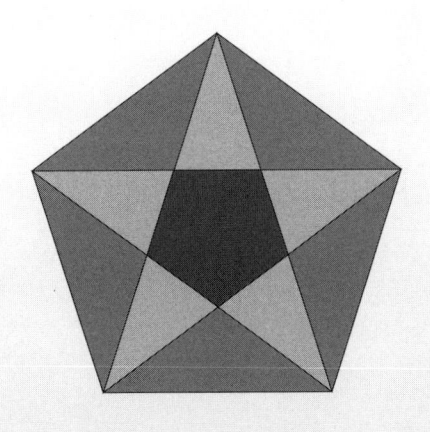

37 三角比(1)

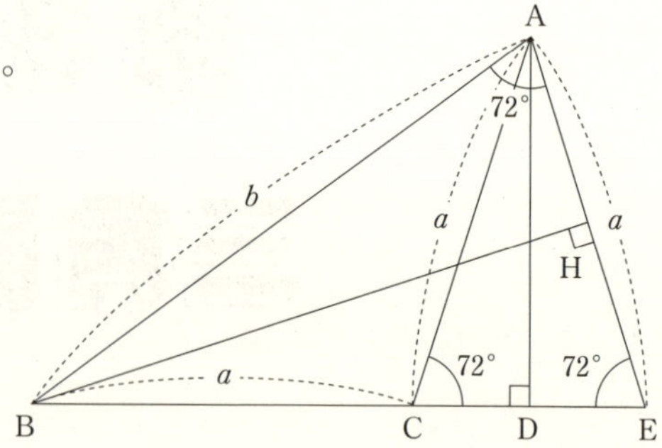

△ABE は鋭角黄金三角形である。

$\mathrm{BE}=\mathrm{BC}+\mathrm{CD}+\mathrm{DE}$

$\quad =a+2a\cos 72^\circ$

$\therefore\quad b=a+2a\cos 72^\circ$

次に △ABH において

$$\cos 72^\circ=\frac{\mathrm{AH}}{\mathrm{AB}}=\frac{\frac{a}{2}}{b}=\frac{a}{2b}$$

よって　$b=a+2a\cdot\dfrac{a}{2b}$　から　$b^2-ab-a^2=0$　となり　$\dfrac{b}{a}=\dfrac{1+\sqrt{5}}{2}$

38 三角比(2)

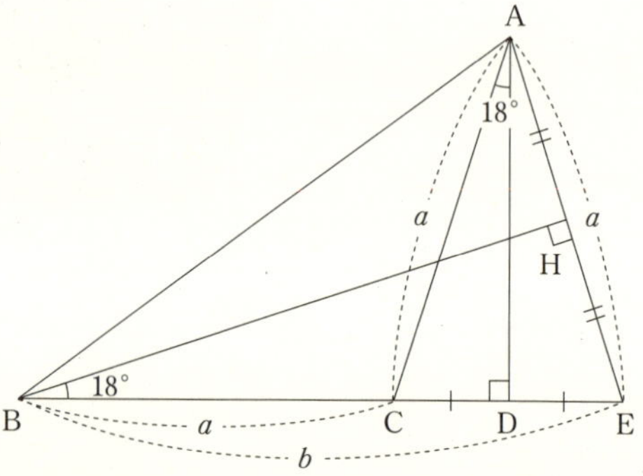

△ABE は鋭角黄金三角形である。

△BEH において

$$\sin 18^\circ=\frac{\mathrm{EH}}{\mathrm{BE}}=\frac{\frac{a}{2}}{b}=\frac{a}{2b}$$

△ACD において

$$\sin 18^\circ=\frac{\mathrm{CD}}{\mathrm{AC}}=\frac{\frac{1}{2}\mathrm{CE}}{\mathrm{AC}}=\frac{\frac{b-a}{2}}{a}=\frac{b-a}{2a}$$

よって　$\dfrac{a}{2b}=\dfrac{b-a}{2a}$　から　$b^2-ab-a^2=0$，従って　$\dfrac{b}{a}=\dfrac{1+\sqrt{5}}{2}$

㊴ 三角比(3)

鋭角黄金三角形 ABC において
　BC＝BH＋HC
即ち
　$b = $ AB $\cos 36° + $ AC $\cos 72°$
　　$= b \cos 36° + a \cos 72°$ 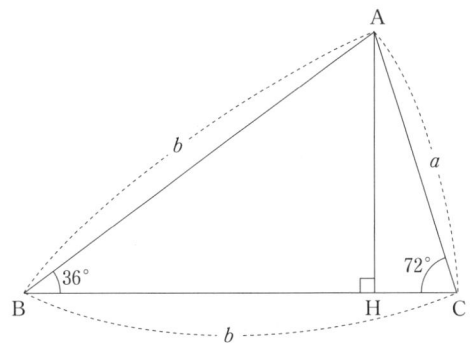
ところで右の鋭角黄金三角形において

$$\cos 72° = \dfrac{\dfrac{a}{2}}{b} = \dfrac{a}{2b}$$

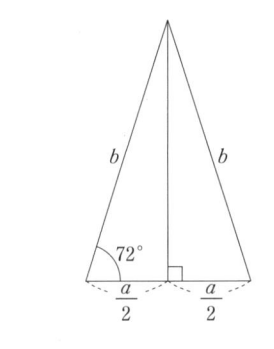

右下の鈍角黄金三角形において

$$\cos 36° = \dfrac{\dfrac{b}{2}}{a} = \dfrac{b}{2a}$$

これらを上の式に代入して

$$b = b\dfrac{b}{2a} + a\dfrac{a}{2b}$$

よって　$b^3 + a^3 - 2ab^2 = 0$　より
　$(b-a)(b^2 - ab - a^2) = 0$
∴　$\dfrac{b}{a} = \dfrac{1+\sqrt{5}}{2}$　$(a \neq b)$

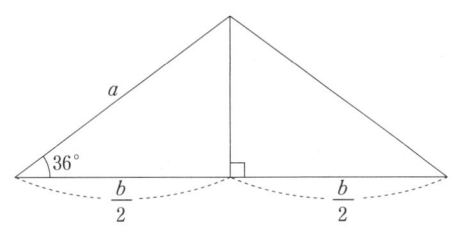

40 三角比(4)

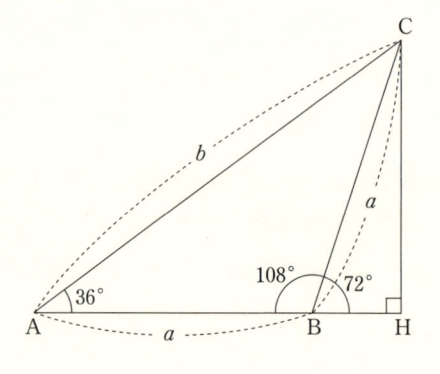

鈍角黄金三角形 ABC において
　　AB＝AH－BH
即ち
　　$a = \text{AC} \cos 36° - \text{CB} \cos 72°$
　　　$= b \cos 36° - a \cos 72°$
ところで右の鋭角黄金三角形において

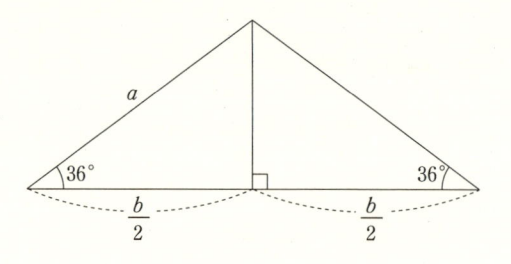

$$\cos 36° = \frac{\frac{b}{2}}{a} = \frac{b}{2a}$$

右下の鋭角黄金三角形において

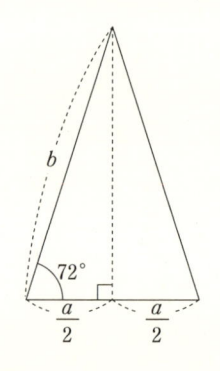

$$\cos 72° = \frac{\frac{a}{2}}{b} = \frac{a}{2b}$$

これらを上の式に代入して

$$a = b\frac{b}{2a} - a\frac{a}{2b}$$

よって　$b^3 - a^3 - 2a^2 b = 0$　より

　　$(b+a)(b^2 - ab - a^2) = 0$

∴　$\dfrac{b}{a} = \dfrac{1+\sqrt{5}}{2}$

41 三角比(5)

△ABF について

$$\cos 36° = \frac{BF}{AB} = \frac{\frac{b}{2}}{a} = \frac{b}{2a}$$

△EBH について

$$\cos 36° = \frac{BH}{BE} = \frac{BG + \frac{1}{2}GD}{BE}$$

$$= \frac{a + \frac{1}{2}(b-a)}{b}$$

$$= \frac{a+b}{2b}$$

よって $\dfrac{b}{2a} = \dfrac{a+b}{2b}$

∴ $2a(a+b) = 2b^2$

$b^2 - ab - a^2 = 0$

$\dfrac{b}{a} = \dfrac{1+\sqrt{5}}{2}$

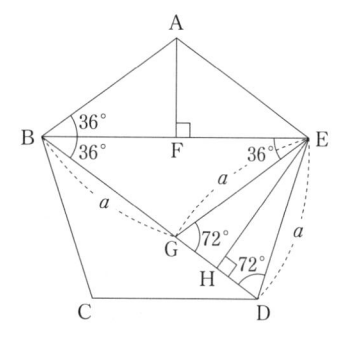

正五角形の一辺の長さを a, 対角線の長さを b とする。

(参考)

△BDE に余弦定理を適用し $ED^2 = BE^2 + BD^2 - 2BE \cdot BD \cos B$ より

$a^2 = b^2 + b^2 - 2b^2 \cos 36°$ より $\cos 36° = \dfrac{2b^2 - a^2}{2b^2}$ これから

$\dfrac{a+b}{2b} = \dfrac{2b^2 - a^2}{2b^2}$

整理して $b^2 - ab - a^2 = 0$ が得られる。

42 正十角形(1)

△OAB は鋭角黄金三角形で，

ここで

$AB = a$, $OB = OA = b$ とする。

$BH = OB \cos 36° = b \cos 36°$

$BH = BE + EH$

$\quad = BC \cos 36° + CD$

$\quad = a \cos 36° + \dfrac{a}{2}$

よって

$\quad b \cos 36° = a \cos 36° + \dfrac{a}{2}$

右図の鈍角黄金三角形より

$\quad \cos 36° = \dfrac{\dfrac{b}{2}}{a} = \dfrac{b}{2a}$

よって，上の式は

$\quad b \dfrac{b}{2a} = a \dfrac{b}{2a} + \dfrac{a}{2}$

∴ $\quad b^2 - ab - a^2 = 0$

$\quad \dfrac{b}{a} = \dfrac{1+\sqrt{5}}{2}$

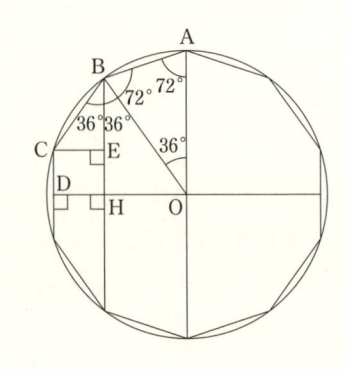

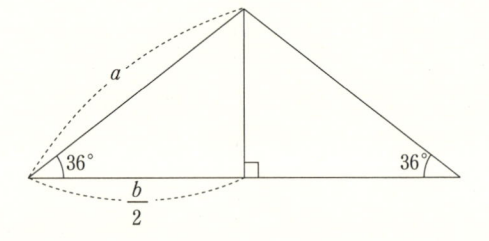

43 正十角形(2)

AG = AB cos 72° = a cos 72°

GH = BK = CB cos 36° = a cos 36°

よって

AF($= 2b$) = 2AG+2GH+HI
　　　　　= $2a$ cos 72°+$2a$ cos 36°+a

即ち

　$2b = 2a$ cos 72°+$2a$ cos 36°+a

右の鋭角黄金三角形において

$$\cos 72° = \dfrac{\dfrac{a}{2}}{b} = \dfrac{a}{2b}$$

また鈍角黄金三角形において

$$\cos 36° = \dfrac{\dfrac{b}{2}}{a} = \dfrac{b}{2a}$$

これらを上の式に代入して

$$2b = 2a\dfrac{a}{2b}+2a\dfrac{b}{2a}+a$$

整理すると

$b^2-ab-a^2 = 0$

$\dfrac{b}{a} = \dfrac{1+\sqrt{5}}{2}$

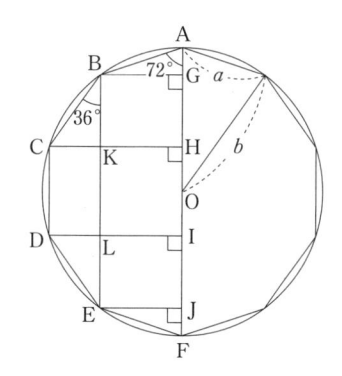

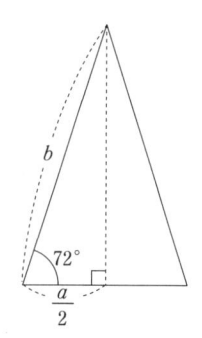

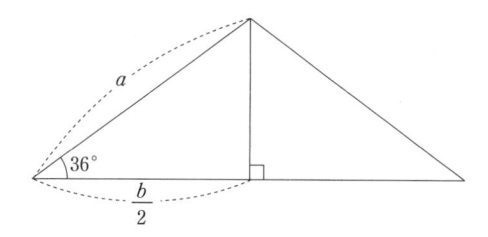

44 正十角形(3)

$\triangle AEO$ において $\angle EAO = \angle EOA = 36°$

よって $AE = EO$

次に $\cos 36° = \dfrac{AH}{AE}$

より $AE = \dfrac{b}{2\cos 36°}$ $(= EO)$

又

$\dfrac{OE}{EF} = \dfrac{OB}{BC}$

から

$EF = \dfrac{BC}{OB} \cdot OE = \dfrac{a}{b} \cdot \dfrac{b}{2\cos 36°} = \dfrac{a}{2\cos 36°}$

$AD = 2AH' = 2AE + EF$

$2b\cos 36° = 2\dfrac{b}{2\cos 36°} + \dfrac{a}{2\cos 36°}$

∴ $4b\cos^2 36° = 2b + a$

右の鈍角黄金三角形で $\cos 36° = \dfrac{\frac{b}{2}}{a} = \dfrac{b}{2a}$

これを代入すると

$4b\left(\dfrac{b}{2a}\right)^2 = 2b + a$

∴ $b^3 - 2a^2 b - a^3 = 0$

$(b+a)(b^2 - ab - a^2) = 0$

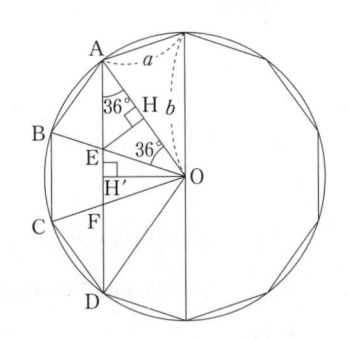

∴ $\dfrac{b}{a} = \dfrac{1 + \sqrt{5}}{2}$

45 三角関数の定義と2倍角の公式(1)

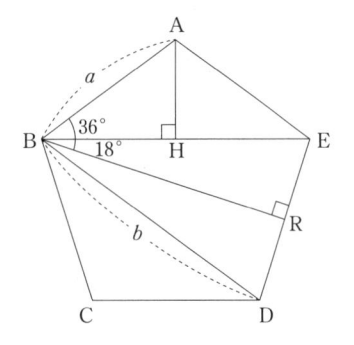

右の正五角形において

$$\cos 36° = \frac{\mathrm{BH}}{\mathrm{AB}} = \frac{\frac{b}{2}}{a} = \frac{b}{2a}$$

$$\sin 18° = \frac{\mathrm{ER}}{\mathrm{BE}} = \frac{\frac{a}{2}}{b} = \frac{a}{2b}$$

2倍角の公式により

$$\cos 36° = 1 - 2\sin^2 18°$$

よって

$$\frac{b}{2a} = 1 - 2\left(\frac{a}{2b}\right)^2$$

整理して

$$b^3 - 2ab^2 + a^3 = 0$$

∴ $(b-a)(b^2 - ab - a^2) = 0$

よって　これより　$\dfrac{b}{a} = \dfrac{1+\sqrt{5}}{2}$　が得られる。

46 三角関数の定義と2倍角の公式(2)

△ABF において

$$\cos 36° = \frac{\text{BF}}{\text{AB}} = \frac{\frac{b}{2}}{a} = \frac{b}{2a}$$

△EBG において

$$\text{BG} = \sqrt{\text{BE}^2 - \text{EG}^2} = \sqrt{b^2 - \left(\frac{a}{2}\right)^2}$$

$$= \frac{\sqrt{4b^2 - a^2}}{2}$$

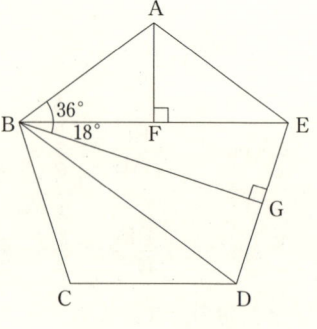

よって

$$\cos 18° = \frac{\text{BG}}{\text{EB}} = \frac{\frac{\sqrt{4b^2-a^2}}{2}}{b} = \frac{\sqrt{4b^2-a^2}}{2b}$$

正五角形の $AB = a$, $BE = b$

2倍角の公式によって

$$\cos 36° = 2\cos^2 18° - 1$$

に代入して

$$\frac{b}{2a} = 2\left(\frac{\sqrt{4b^2-a^2}}{2b}\right)^2 - 1$$

よって $b^3 + a^3 - 2ab^2 = 0$

$(b-a)(b^2 - ab - a^2) = 0$

$\therefore \quad \dfrac{b}{a} = \dfrac{1+\sqrt{5}}{2}$ が適する。

47 三角関数の定義と2倍角の公式(3)

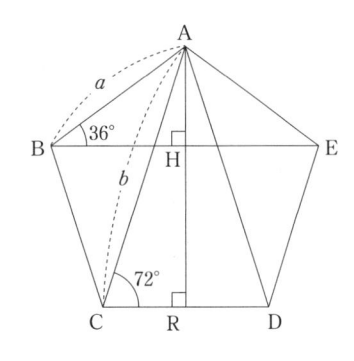

正五角形 ABCDE について

$$\cos 72° = \frac{\text{CR}}{\text{AC}} = \frac{\frac{a}{2}}{b} = \frac{a}{2b}$$

$$\cos 36° = \frac{\text{BH}}{\text{AB}} = \frac{\frac{b}{2}}{a} = \frac{b}{2a}$$

2倍角の公式

$$\cos 72° = 2\cos^2 36° - 1$$

に代入して

$$\frac{a}{2b} = 2\left(\frac{b}{2a}\right)^2 - 1$$

よって $b^3 - 2a^2 b - a^3 = 0$ から

$$(b+a)(b^2 - ab - a^2) = 0$$

$$\therefore \quad \frac{b}{a} = \frac{1+\sqrt{5}}{2}$$

48 三角関数の定義と2倍角の公式(4)

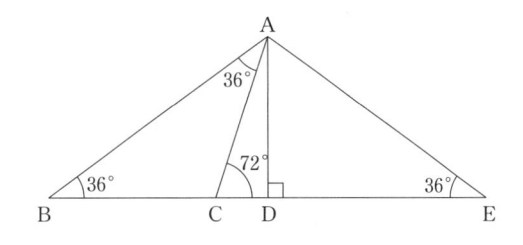

$\triangle \text{ABE}$ は $\text{AB} = \text{AE} = a$, $\text{BE} = b$ の鈍角黄金三角形とする。

ここで $\text{CE} = \text{AE} = a$ である。

図より

$$\cos 36° = \frac{BD}{AB} = \frac{\frac{b}{2}}{a} = \frac{b}{2a}$$

また $CD = BD - BC = \frac{b}{2} - (b-a) = \frac{2a-b}{2}$, よって

$$\cos 72° = \frac{CD}{AC} = \frac{\frac{2a-b}{2}}{b-a} = \frac{2a-b}{2b-2a} \quad (\because \ AC = BC = b-a)$$

ここで2倍角の公式より $\cos 72° = 2\cos^2 36° - 1$ であるので

$$\frac{2a-b}{2b-2a} = 2\left(\frac{b}{2a}\right)^2 - 1$$

即ち $\dfrac{2a-b}{2b-2a} = \dfrac{b^2 - 2a^2}{2a^2}$

整理して

$$2b^3 - 2a^2 b - 2ab^2 = 0$$

従って $b^2 - ab - a^2 = 0$ より $\dfrac{b}{a} = \dfrac{1+\sqrt{5}}{2}$ を得る。

49 三角関数の定義と半角の公式(1)

△AOB は正五角形の一部と考えて AB の距離を求める。

$AH = 1 + \cos 72°$

$BH = \sin 72°$

より

$$AB = \frac{AH}{\cos 36°} = \frac{1 + \cos 72°}{\cos 36°} = \frac{2\cos^2 36°}{\cos 36°} = 2\cos 36°$$

$$= 2 \cdot \frac{1+\sqrt{5}}{4} = \frac{1+\sqrt{5}}{2}$$

$$\left(\because \quad \cos 36° = \frac{1+\sqrt{5}}{4} \right)$$

または

$$AB = \frac{BH}{\sin 36°} = \frac{\sin 72°}{\sin 36°} = \frac{2\sin 36° \cos 36°}{\sin 36°} = 2\cos 36°$$

50 三角関数の定義と半角の公式(2)

一辺の長さが a, 対角線の長さが b の正五角形 ABCDE において

$$\cos 36° = \frac{BF}{AB} = \frac{\frac{b}{2}}{a} = \frac{b}{2a}$$

$$\sin 18° = \frac{EG}{BE} = \frac{\frac{a}{2}}{b} = \frac{a}{2b}$$

ここで半角の公式より

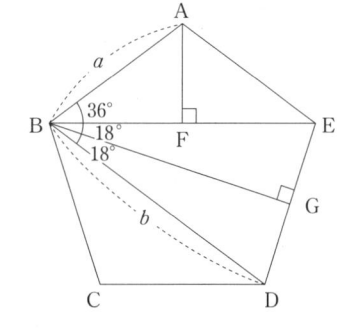

$$\cos^2 18° = \frac{1+\cos 36°}{2} = \frac{1+\frac{b}{2a}}{2} = \frac{2a+b}{4a}$$

次に これらを $\sin^2 18° + \cos^2 18° = 1$ に代入して

$$\left(\frac{a}{2b} \right)^2 + \frac{2a+b}{4a} = 1$$

よって $b^3 - 2ab^2 + a^3 = 0$ より

$$(b-a)(b^2 - ab - a^2) = 0$$

$b > a$ より $\dfrac{b}{a} = \dfrac{1+\sqrt{5}}{2}$

51 三角関数の定義と半角の公式(3)

右図の正五角形において

$$\cos 36° = \frac{BF}{AB} = \frac{\frac{b}{2}}{a} = \frac{b}{2a}$$

$$\cos 72° = \frac{CG}{AC} = \frac{\frac{a}{2}}{b} = \frac{a}{2b}$$

半角の公式により

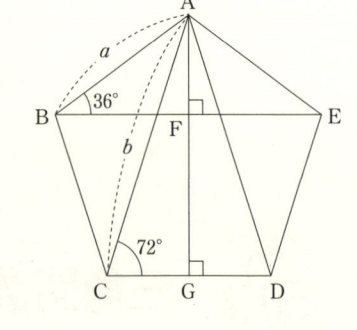

$$\sin^2 36° = \frac{1-\cos 72°}{2} = \frac{1-\frac{a}{2b}}{2} = \frac{2b-a}{4b}$$

ここで

$$\sin^2 36° + \cos^2 36° = 1$$

であるので，

$$\frac{2b-a}{4b} + \left(\frac{b}{2a}\right)^2 = 1$$

従って

$$b^3 - 2a^2 b - a^3 = 0 \quad \text{より}$$

$$(b+a)(b^2 - ab - a^2) = 0$$

よって $\quad \dfrac{b}{a} = \dfrac{1+\sqrt{5}}{2} \quad (\because \ b+a \neq 0)$

52 三角関数の定義と3倍角の公式

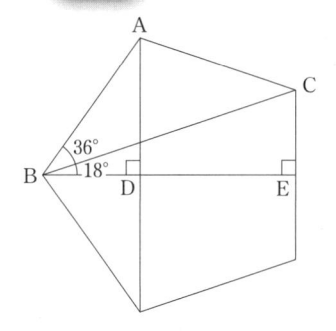

左の図の正五角形において，一辺の長さを a, 対角線の長さを b とする。

直角三角形 ABD において

$$\sin 54° = \frac{AD}{AB} = \frac{\frac{b}{2}}{a} = \frac{b}{2a}$$

直角三角形 CBE において

$$\sin 18° = \frac{CE}{BC} = \frac{\frac{a}{2}}{b} = \frac{a}{2b}$$

3倍角の公式によって $\sin 54° = 3\sin 18° - 4\sin^3 18°$ だから

$$\frac{b}{2a} = 3\frac{a}{2b} - 4\left(\frac{a}{2b}\right)^3$$

整理して

$$b^4 - 3a^2b^2 + a^4 = 0 \quad \text{より}$$

$\dfrac{b}{a} = x$ とおくと

$$x^4 - 3x^2 + 1 = 0$$
$$(x^4 - 2x^2 + 1) - x^2 = 0$$
$$(x^2 - 1)^2 - x^2 = 0$$
$$\{(x^2 - 1) - x\}\{(x^2 - 1) + x\} = 0$$
$$(x^2 - x - 1)(x^2 + x - 1) = 0$$

$x > 1$ であるので

$$x = \frac{1 + \sqrt{5}}{2}$$

53 三角関数の定義とピタゴラスの定理

△ABE は AB = BE = b, AE = a の
鋭角黄金三角形である。

右図で

$$AD = \sqrt{AC^2 - CD^2}$$
$$= \sqrt{AC^2 - \left(\frac{BE - BC}{2}\right)^2}$$
$$= \sqrt{a^2 - \left(\frac{b-a}{2}\right)^2} = \frac{1}{2}\sqrt{3a^2 - b^2 + 2ab}$$

よって $\sin 72° = \dfrac{AD}{AC} = \dfrac{\sqrt{3a^2 - b^2 + 2ab}}{2a}$

次に △BEH において $\cos 72° = \dfrac{HE}{BE} = \dfrac{\frac{a}{2}}{b} = \dfrac{a}{2b}$

$\cos^2 72° + \sin^2 72° = 1$

だから

$$\left(\frac{a}{2b}\right)^2 + \left(\frac{\sqrt{3a^2 - b^2 + 2ab}}{2a}\right)^2 = 1$$

$$\frac{a^2}{4b^2} + \frac{3a^2 - b^2 + 2ab}{4a^2} = 1$$

∴ $b^4 - 2ab^3 + a^2b^2 - a^4 = 0$

$(b^2 - ab + a^2)(b^2 - ab - b^2) = 0$

$b^2 - ab + a^2 = \left(b - \dfrac{1}{2}a\right)^2 + \dfrac{3}{4}a^2 > 0$

よって $b^2 - ab - a^2 = 0$ より $\dfrac{b}{a} = \dfrac{1 + \sqrt{5}}{2}$

54 正弦定理と3倍角の公式

正五角形 ABCDE の
外接円の半径を R とすると
△ABC において

$$\frac{BC}{\sin A} = \frac{AC}{\sin B} = 2R$$

∴ $\dfrac{1}{\sin 36°} = \dfrac{x}{\sin 108°} = 2R$

△ACD において

$$\frac{x}{\sin C} = 2R$$

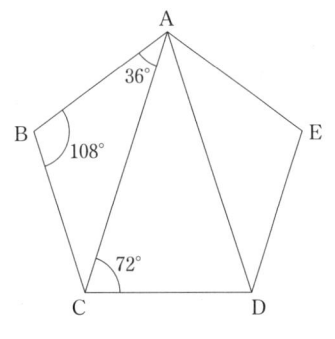

∴ $\dfrac{x}{\sin 72°} = 2R$

一辺の長さ1, 対角線の長さ x とする。

以上により

$$\frac{1}{\sin 36°} = \frac{x}{\sin 108°} = \frac{x}{\sin 72°}$$

$$\frac{1}{\sin 36°} = \frac{x}{3\sin 36° - 4\sin^3 36°} = \frac{x}{2\sin 36° \cos 36°}$$

∴ $1 = \dfrac{x}{3 - 4\sin^2 36°} = \dfrac{x}{2\cos 36°}$

よって $3 - 4\sin^2 36° = x$ ……①, $2\cos 36° = x$ ……②

①を変形して $3 - 4(1 - \cos^2 36°) = x$ に②から得られる $\cos 36° = \dfrac{x}{2}$
を代入して

$$3 - 4\left(1 - \frac{x^2}{4}\right) = x$$

∴ $x^2 - x - 1 = 0$

よって $x = \dfrac{1 + \sqrt{5}}{2}$

55 余弦定理(1)

$BC = 1$, $AB = AC = x$ の鋭角黄金三角形において
余弦定理より
$$BC^2 = AB^2 + AC^2 - 2AB \cdot AC \cos A$$
よって
$$1 = x^2 + x^2 - 2x^2 \cos 36°$$
$\cos 36° = \dfrac{1+\sqrt{5}}{4}$ であるので
$$1 = \dfrac{3-\sqrt{5}}{2} x^2$$
$$\therefore \quad x = \sqrt{\dfrac{6+2\sqrt{5}}{4}} = \sqrt{\dfrac{(1+\sqrt{5})^2}{4}} = \dfrac{1+\sqrt{5}}{2}$$

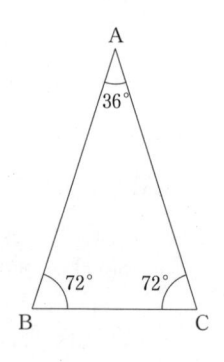

56 余弦定理(2)

$\triangle ABD$ は $AB = AD = a$, $BD = b$ の
鈍角黄金三角形とする。
$\triangle ABH$ において
$$\cos 36° = \dfrac{BH}{AB} = \dfrac{\frac{b}{2}}{a} = \dfrac{b}{2a}$$
$\triangle ABC$ において 余弦定理によって
$$AC^2 = AB^2 + BC^2 - 2AB \cdot BC \cos B$$
ここで $BC = AC = BD - CD = b - a$

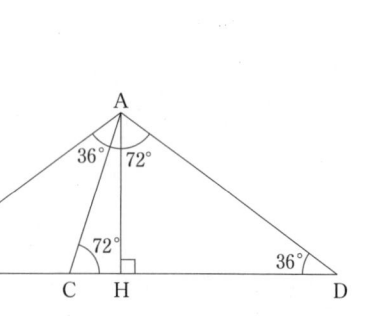

よって

$(b-a)^2 = a^2 + (b-a)^2 - 2a(b-a)\cos 36°$

∴　$a = 2(b-a)\cos 36°$

即ち　$a = 2(b-a) \cdot \dfrac{b}{2a}$

∴　$2a^2 = 2b^2 - 2ab$

　　$b^2 - ab - a^2 = 0$

よって　$\dfrac{b}{a} = \dfrac{1 + \sqrt{5}}{2}$

57 余弦定理(3)

△ABD は AB = AD = a，BD = b の鈍角黄金三角形である。

AC = CD = BD − BC = $b - a$

となり

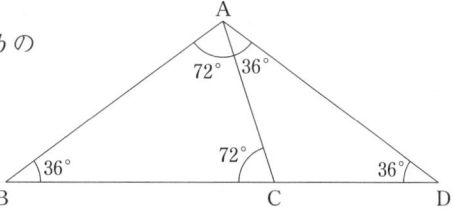

△ABC において　余弦定理により

　$AC^2 = AB^2 + BC^2 - 2AB \cdot BC \cos B$

より　$(b-a)^2 = a^2 + a^2 - 2a^2 \cos 36°$

よって

　$\cos 36° = \dfrac{a^2 - b^2 + 2ab}{2a^2}$

次に △ABD において　余弦定理により

　$AD^2 = AB^2 + BD^2 - 2AB \cdot BD \cos B$

より　$a^2 = a^2 + b^2 - 2ab \cos 36°$

よって　$\cos 36° = \dfrac{b}{2a}$

以上により　$\dfrac{a^2-b^2+2ab}{2a^2}=\dfrac{b}{2a}$

分母を払って整理すると

　　$b^2-ab-a^2=0$

∴　$\dfrac{b}{a}=\dfrac{1+\sqrt{5}}{2}$

58　余弦定理(4)

$\triangle$ABD は鋭角黄金三角形である。

$\triangle$CAB∽$\triangle$BDA　より

　　AB：BC＝DA：AB

　　a　：BC＝b　：a

よって　　BC＝$\dfrac{a^2}{b}$

$\triangle$ABC において　余弦定理により

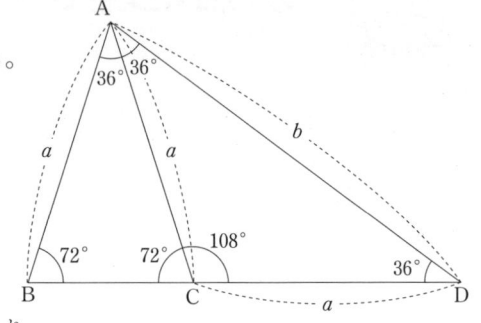

$$\cos C=\dfrac{\mathrm{AC}^2+\mathrm{BC}^2-\mathrm{AB}^2}{2\mathrm{AC}\cdot\mathrm{BC}} \quad \therefore \quad \cos 72°=\dfrac{a^2+\left(\dfrac{a^2}{b}\right)^2-a^2}{2\cdot a\cdot \dfrac{a^2}{b}}=\dfrac{a}{2b}$$

$\triangle$ACD において　余弦定理により

$$\cos C=\dfrac{\mathrm{AC}^2+\mathrm{CD}^2-\mathrm{AD}^2}{2\mathrm{AC}\cdot\mathrm{CD}} \quad \therefore \quad \cos 108°=\dfrac{a^2+a^2-b^2}{2a^2}=\dfrac{2a^2-b^2}{2a^2}$$

$\cos 72°+\cos 108°=0$　より

　　$\dfrac{a}{2b}+\dfrac{2a^2-b^2}{2a^2}=0$

∴　$a^3+2a^2b-b^3=0$

よって $(a+b)(b^2-ab-a^2)=0$

これより $\dfrac{b}{a}=\dfrac{1+\sqrt{5}}{2}$ が得られる。

59 余弦定理(5)

△ABC において

$$\cos A = \frac{\mathrm{AB}^2+\mathrm{AC}^2-\mathrm{BC}^2}{2\mathrm{AB}\cdot\mathrm{AC}}$$

より $\cos 36° = \dfrac{a^2+a^2-\left(\dfrac{a^2}{b}\right)^2}{2a^2}$

$= \dfrac{2b^2-a^2}{2b^2}$

(BC : AB = AB : DA 即ち

BC : $a = a$: b より BC $= \dfrac{a^2}{b}$)

△ACD において

$$\cos A = \frac{\mathrm{AD}^2+\mathrm{AC}^2-\mathrm{DC}^2}{2\mathrm{AD}\cdot\mathrm{AC}}$$

より $\cos 36° = \dfrac{b^2+a^2-a^2}{2ab}$

$= \dfrac{b}{2a}$

これらが等しいので $\dfrac{2b^2-a^2}{2b^2}=\dfrac{b}{2a}$

∴ $2a(2b^2-a^2)=2b^3$

$b^3-2ab^2+a^3=0$

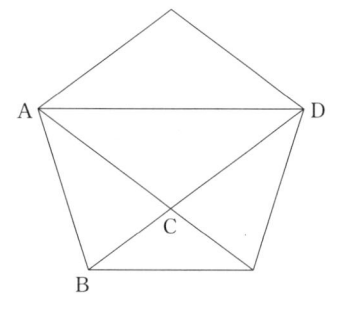

正五角形の一辺の長さを a, 対角線の長さを b とする。

$$(b-a)(b^2-ab-a^2)=0$$

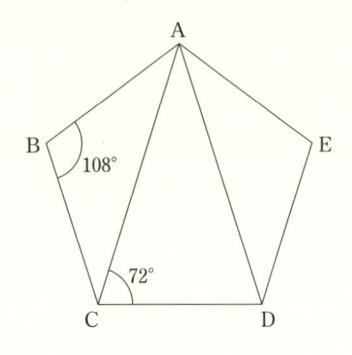

よって　$\dfrac{b}{a}=\dfrac{1+\sqrt{5}}{2}$

60 余弦定理(6)

一辺が a，対角線が b の正五角形について

△ABC に余弦定理を適用し

$\quad AC^2 = AB^2 + BC^2 - 2AB \cdot BC \cos B$

$\quad b^2 = 2a^2 - 2a^2 \cos 108°$

∴　$\cos 108° = \dfrac{2a^2-b^2}{2a^2}$

△ACD に余弦定理を適用し

$\quad AD^2 = AC^2 + CD^2 - 2AC \cdot CD \cos C$

$\quad b^2 = b^2 + a^2 - 2ab \cos 72°$

∴　$\cos 72° = \dfrac{a}{2b}$

$\cos 108° + \cos 72° = 0$　より　$\dfrac{2a^2-b^2}{2a^2} + \dfrac{a}{2b} = 0$

よって　$b^3 - 2a^2 b - a^3 = 0$

$\quad (b+a)(b^2-ab-a^2)=0$

∴　$\dfrac{b}{a} = \dfrac{1+\sqrt{5}}{2}$

61 余弦定理と半角の公式

正五角形 ABCDE の外接円の中心を O とする。また外接円の半径を R とする。
△OCD において余弦定理より
$$a^2 = 2R^2 - 2R^2 \cos 72°$$
△OEB においては
$$b^2 = 2R^2 - 2R^2 \cos 144°$$
よって
$$\frac{b}{a} = \frac{\sqrt{2R^2 - 2R^2 \cos 144°}}{\sqrt{2R^2 - 2R^2 \cos 72°}} = \frac{\sqrt{1 - \cos 144°}}{\sqrt{1 - \cos 72°}} = \frac{\sqrt{\sin^2 72°}}{\sqrt{\sin^2 36°}} = \frac{\sin 72°}{\sin 36°}$$
$$= \frac{2 \sin 36° \cos 36°}{\sin 36°} = 2 \cos 36°$$

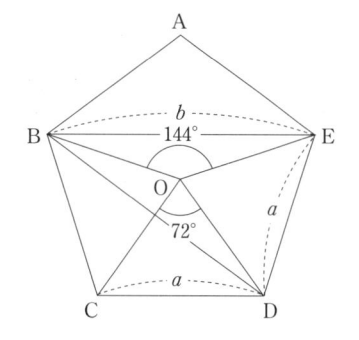

△BDE に余弦定理を適用して （∠EBD = 36° より）
$$a^2 = 2b^2 - 2b^2 \cos 36°$$
よって　$\cos 36° = \dfrac{2b^2 - a^2}{2b^2}$

これを元の式にあてはめて

$$\frac{b}{a} = 2 \cdot \frac{2b^2 - a^2}{2b^2}$$

よって　$b^3 - 2ab^2 + a^3 = 0$
$$(b-a)(b^2 - ab - a^2) = 0$$

$\dfrac{b}{a} > 1$　より

$$\frac{b}{a} = \frac{1 + \sqrt{5}}{2}$$

62 余弦定理と2倍角の公式(1)

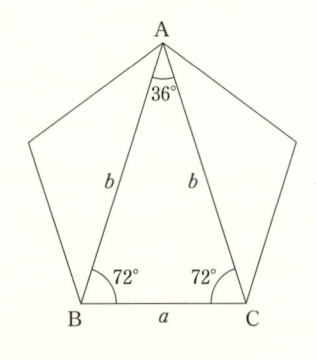

△ABC（鋭角黄金三角形）において

$$\cos B = \frac{a^2+b^2-b^2}{2ab}$$

$$= \frac{a}{2b}$$

$$\cos A = \frac{b^2+b^2-a^2}{2b \cdot b}$$

$$= \frac{2b^2-a^2}{2b^2}$$

ここで ∠B=2∠A である。

次に2倍角の公式より

$$\cos 2A = 2\cos^2 A - 1$$

に $\cos 2A = \cos B$ を代入して

$$\cos B = 2\cos^2 A - 1$$

従って

$$\frac{a}{2b} = 2\left(\frac{2b^2-a^2}{2b^2}\right)^2 - 1$$

整理すると

$$2b^4 - ab^3 - 4a^2b^2 + a^4 = 0$$

よって

$$(b+a)(2b-a)(b^2-ab-a^2) = 0$$

結局

$$\frac{b}{a} = \frac{1+\sqrt{5}}{2} \quad ((b+a)(2b-a) \neq 0 \text{ である。})$$

が得られる。

63 余弦定理と2倍角の公式(2)

正五角形 ABCDE において AD, BE の交点を F とし AF = 1, AB = BC = CD = x とすると, BD = x^2 である。

△ABF で余弦定理により

$$AF^2 = AB^2 + BF^2 - 2AB \cdot BF \cos B$$

∴ $1^2 = x^2 + x^2 - 2x^2 \cos 36°$

よって $\cos 36° = \dfrac{2x^2 - 1}{2x^2}$

△BCD で余弦定理により

$$BD^2 = BC^2 + CD^2 - 2BC \cdot CD \cos C$$

∴ $x^4 = x^2 + x^2 - 2x^2 \cos 108°$

$\cos 108° = -\cos 72°$ なので

$x^2 = 2 + 2\cos 72°$

∴ $\cos 72° = \dfrac{x^2 - 2}{2}$

2倍角の公式 $\cos 72° = 2\cos^2 36° - 1$ より

$$\dfrac{x^2 - 1}{2} = 2 \cdot \left(\dfrac{2x^2 - 1}{2x^2}\right)^2 - 1$$

整理して $x^6 - 4x^4 + 4x^2 - 1 = 0$

$(x^2 - 1)(x^4 - 3x^2 + 1) = 0$

よって $x^2 = \dfrac{3 \pm \sqrt{5}}{2}$ (∵ $x^2 \neq 1$)

∴ $x = \sqrt{\dfrac{3 \pm \sqrt{5}}{2}} = \dfrac{\sqrt{6 \pm 2\sqrt{5}}}{\sqrt{4}} = \dfrac{\sqrt{(\sqrt{5} \pm 1)^2}}{2} = \dfrac{\sqrt{5} \pm 1}{2}$

$x > 1$ より $x = \dfrac{1 + \sqrt{5}}{2}$

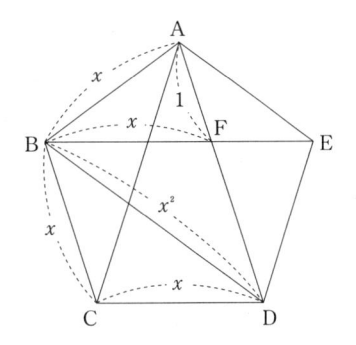

64 余弦定理と3倍角の公式

△ABC は正五角形の一部である。

余弦定理より

$$BC^2 = AB^2 + AC^2 - 2AB \cdot AC \cos A$$

即ち

$$b^2 = a^2 + a^2 - 2a^2 \cos 108°$$

$$\therefore \cos 108° = \frac{2a^2 - b^2}{2a^2}$$

また

$$AC^2 = AB^2 + BC^2 - 2AB \cdot BC \cos B$$

より

$$a^2 = a^2 + b^2 - 2ab \cos 36°$$

$$\therefore \cos 36° = \frac{b}{2a}$$

3倍角の公式より

$$\cos 108° = 4\cos^3 36° - 3\cos 36°$$

従って

$$\frac{2a^2 - b^2}{2a^2} = 4\left(\frac{b}{2a}\right)^3 - 3\frac{b}{2a}$$

$$\therefore b^3 + ab^2 - 3a^2 b - 2a^3 = 0$$

$$(b+2a)(b^2 - ab - a^2) = 0$$

よって $\dfrac{b}{a} = \dfrac{1+\sqrt{5}}{2}$ が得られる。

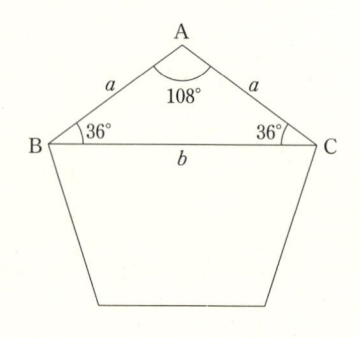

65 正弦定理と余弦定理(1)

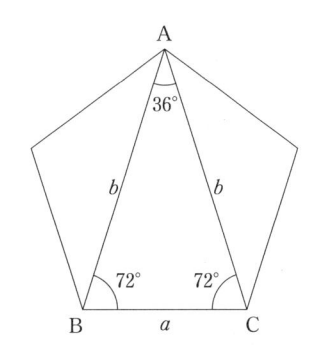

△ABC において正弦定理より

$$\frac{a}{\sin A} = \frac{b}{\sin B}$$

また ∠B＝2∠A より 結局

$$b \sin A = a \sin B$$
$$= a \sin 2A$$
$$= 2a \sin A \cos A$$

よって

$$b = 2a \cos A \quad \cdots\cdots\cdots\cdots\cdots ①$$

次に 余弦定理によって

$$a^2 = b^2 + b^2 - 2b \cdot b \cos A$$

よって

$$\cos A = \frac{2b^2 - a^2}{2b^2} \quad \cdots\cdots\cdots\cdots ②$$

①, ②より

$$b = 2a \cdot \frac{2b^2 - a^2}{2b^2}$$

整理して

$$b^3 - 2ab^2 + a^3 = 0$$
$$(b-a)(b^2 - ab - a^2) = 0$$

よって $\dfrac{b}{a} = \dfrac{1+\sqrt{5}}{2}$

66 正弦定理と余弦定理(2)

△ABC において正弦定理より

$$\frac{AC}{\sin B} = \frac{BC}{\sin A}$$

よって

$$\frac{b}{\sin 108°} = \frac{a}{\sin 36°}$$

$$\frac{b}{a} = \frac{\sin 108°}{\sin 36°} = \frac{3\sin 36° - 4\sin^3 36°}{\sin 36°}$$

$$= 3 - 4\sin^2 36° = 3 - 4(1 - \cos^2 36°)$$

$$= 4\cos^2 36° - 1$$

ここで 余弦定理によって $BC^2 = AB^2 + AC^2 - 2AB \cdot AC \cos A$

即ち $a^2 = a^2 + b^2 - 2ab\cos A$ より $\cos A = \cos 36° = \dfrac{b}{2a}$

従って

$$\frac{b}{a} = 4\left(\frac{b}{2a}\right)^2 - 1$$

$$= \frac{b^2}{a^2} - 1$$

整理して $b^3 - ab - a^2 = 0$ から $\dfrac{b}{a} = \dfrac{1+\sqrt{5}}{2}$

正五角形の一辺の長さ a, 対角線の長さを b とする。

67 加法定理(1)

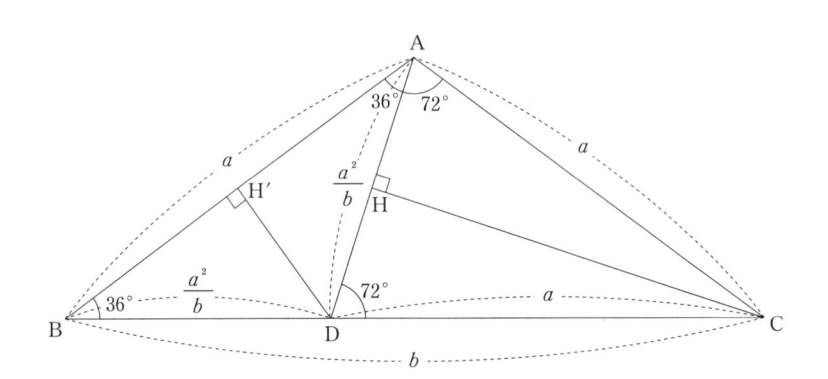

△ABC は鈍角黄金三角形で AB = AC = a, BC = b とする。

上図で DC = a とすると

△DAB ∽ △ABC より

　DA : AB = AB : BC 　即ち

　DA : a = a : b

∴　DA = $\dfrac{a^2}{b}$ = BD

余弦定理により

△ABC で　$b^2 = 2a^2 - 2a^2 \cos 108°$　から

　$\cos 108° (= \cos(72° + 36°)) = \dfrac{2a^2 - b^2}{2a^2}$

また △CAH において

$\cos 72° = \dfrac{AH}{CA} = \dfrac{\frac{a^2}{2b}}{a} = \dfrac{a}{2b}$

$\sin 72° = \sqrt{1 - \left(\dfrac{a}{2b}\right)^2} = \dfrac{\sqrt{4b^2 - a^2}}{2b}$

△DAH′ において

$$\cos 36° = \frac{\text{AH}'}{\text{DA}} = \frac{\frac{a}{2}}{\frac{a^2}{b}} = \frac{b}{2a}$$

$$\sin 36° = \sqrt{1-\left(\frac{b}{2a}\right)^2} = \frac{\sqrt{4a^2-b^2}}{2a}$$

ここで 加法定理により

$$\cos(72°+36°) = \cos 72° \cos 36° - \sin 72° \sin 36°$$

なので，以上求めた結果を代入して

$$\frac{2a^2-b^2}{2a^2} = \frac{a}{2b} \cdot \frac{b}{2a} - \frac{\sqrt{4b^2-a^2}}{2b} \cdot \frac{\sqrt{4a^2-b^2}}{2a}$$

整理して

$$a\sqrt{17a^2b^2-4a^4-4b^4} = 2b^3-3a^2b$$

平方して，簡単にすると

$$b^6-2a^2b^4-2a^4b^2+a^6 = 0$$

ここで $\frac{b}{a} = x$ とおくと

$$x^6-2x^4-2x^2+1 = 0$$

さらに $x^2 = X$ とおいて

$$X^3-2X^2-2X+1 = 0$$

$$(X^3+1)-2X(X+1) = 0$$

$$(X+1)\{(X^2-X+1)-2X\} = 0$$

$$(X+1)(X^2-3X+1) = 0$$

$X \neq -1$ より $X^2-3X+1=0$, 従って $X = \dfrac{3\pm\sqrt{5}}{2}$

ここで $X>1$ だから 結局 $x^2 = \dfrac{3+\sqrt{5}}{2}$

$$x = \sqrt{\frac{3+\sqrt{5}}{2}} = \sqrt{\frac{6+2\sqrt{5}}{4}} = \frac{1+\sqrt{5}}{2}$$

68 加法定理(2)

前問で sin の加法定理を使って

$$\sin 108° = \sin(72° + 36°) = \sin 72° \cos 36° + \cos 72° \sin 36°$$

$$= \frac{\sqrt{4b^2-a^2}}{2b} \cdot \frac{b}{2a} + \frac{a}{2b} \cdot \frac{\sqrt{4a^2-b^2}}{2a}$$

$$= \frac{\sqrt{4b^2-a^2}}{4a} + \frac{\sqrt{4a^2-b^2}}{4b}$$

また $\cos 108° = \dfrac{2a^2-b^2}{2a^2}$ なので

$$\sin 108° = \sqrt{1 - \left(\frac{2a^2-b^2}{2a^2}\right)^2} = \frac{b\sqrt{4a^2-b^2}}{2a^2} \quad \text{より} \quad \text{結局}$$

$$\frac{b\sqrt{4a^2-b^2}}{2a^2} = \frac{\sqrt{4b^2-a^2}}{4a} + \frac{\sqrt{4a^2-b^2}}{4b}$$

$\therefore \quad 2b^2\sqrt{4a^2-b^2} = ab\sqrt{4b^2-a^2} + a^2\sqrt{4a^2-b^2}$

$\quad (2b^2-a^2)\sqrt{4a^2-b^2} = ab\sqrt{4b^2-a^2}$

両辺を平方して 整理すると $\quad b^6 - 4a^2b^4 + 4a^4b^2 - a^6 = 0$

ここで $\dfrac{b}{a} = x$ とおくと

$x^6 - 4x^4 + 4x^2 - 1 = 0$

$\{(x^2)^3 - 1\} - 4x^2(x^2 - 1) = 0$

$(x^2-1)(x^4+x^2+1) - 4x^2(x^2-1) = 0$

$x^2 \neq 1$ より

$x^4 - 3x^2 + 1 = 0$

$\therefore \quad x^2 = \dfrac{3+\sqrt{5}}{2} \quad (\because \quad x^2 > 1 \quad \text{より})$

よって $x = \sqrt{\dfrac{3+\sqrt{5}}{2}} = \dfrac{1+\sqrt{5}}{2}$

㉖ 正接の 2 倍角の公式

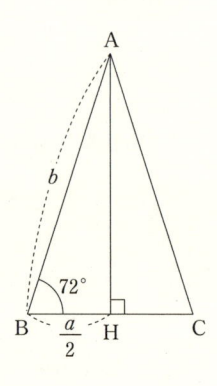

鋭角黄金三角形 ABC について

ピタゴラスの定理を使うと

$$\mathrm{AH} = \sqrt{b^2 - \left(\frac{a}{2}\right)^2} = \frac{\sqrt{4b^2 - a^2}}{2}$$

$$\tan 72° = \frac{\mathrm{AH}}{\mathrm{BH}} = \frac{\frac{\sqrt{4b^2 - a^2}}{2}}{\frac{a}{2}} = \frac{\sqrt{4b^2 - a^2}}{a}$$

鈍角黄金三角形 ABC について

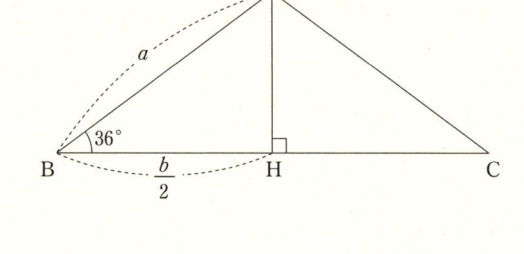

$$\mathrm{AH} = \frac{\sqrt{4a^2 - b^2}}{2}$$

$$\tan 36° = \frac{\frac{\sqrt{4a^2 - b^2}}{2}}{\frac{b}{2}}$$

$$= \frac{\sqrt{4a^2 - b^2}}{b}$$

2 倍角の公式より　$\tan 72° = \dfrac{2 \tan 36°}{1 - \tan^2 36°}$

これに上で得られた結果を代入して

$$\frac{\sqrt{4b^2 - a^2}}{a} = \frac{2 \frac{\sqrt{4a^2 - b^2}}{b}}{1 - \left(\frac{\sqrt{4a^2 - b^2}}{b}\right)^2} = \frac{b\sqrt{4a^2 - b^2}}{b^2 - 2a^2}$$

∴　$ab\sqrt{4a^2 - b^2} = (b^2 - 2a^2)\sqrt{4b^2 - a^2}$

平方して　整理すると

$$b^6 - 4a^2 b^4 + 4a^4 b^2 - a^6 = 0$$

$$(b^6 - a^6) - 4a^2 b^2 (b^2 - a^2) = 0$$

$(b^2-a^2)(b^4+b^2a^2+a^4)-4a^2b^2(b^2-a^2)=0$

$b \neq a$ より

$b^4-3a^2b^2+a^4=0$

$b^4-2a^2b^2+a^4-a^2b^2=0$

$(b^2-a^2)^2-a^2b^2=0$

$(b^2-a^2-ab)(b^2-a^2+ab)=0$

$b^2-a^2+ab=0$ とすると

$\dfrac{b}{a}=\dfrac{-1\pm\sqrt{5}}{2}$ であるが $\dfrac{b}{a}>1$ よりこれは不適

$b^2-a^2-ab=0$ より $\dfrac{b}{a}=\dfrac{1+\sqrt{5}}{2}$ が求める解である。

70 三角関数の応用(1)

ここでは公式 $1+\tan^2\theta=\dfrac{1}{\cos^2\theta}$ を使う。

鋭角黄金三角形 ABC において

ピタゴラスの定理を使って

$$\tan 72° = \dfrac{\text{AH}}{\text{BH}} = \dfrac{\dfrac{\sqrt{4b^2-a^2}}{2}}{\dfrac{a}{2}} = \dfrac{\sqrt{4b^2-a^2}}{a}$$

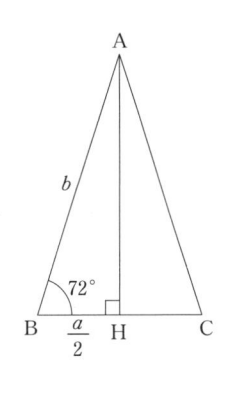

鈍角黄金三角形に余弦定理を使って

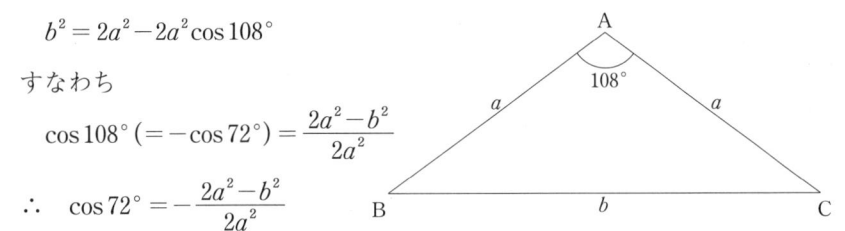

$b^2=2a^2-2a^2\cos 108°$

すなわち

$\cos 108° (=-\cos 72°)=\dfrac{2a^2-b^2}{2a^2}$

$\therefore \cos 72° = -\dfrac{2a^2-b^2}{2a^2}$

これらを，公式に代入して

$$1+\frac{4b^2-a^2}{a^2}=\left(-\frac{2a^2}{2a^2-b^2}\right)^2$$

よって　$b^6+4b^2a^4-4b^4a^2-a^6=0$

∴　$(b^2-ab-a^2)(b^2+ab-a^2)=0$

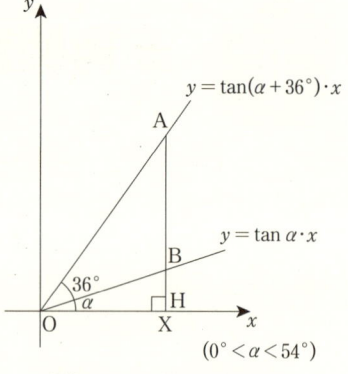

$\dfrac{b}{a}>1$　より　$\dfrac{b}{a}=\dfrac{1+\sqrt{5}}{2}$

71　三角関数の応用(2)

右の図で △OAB は AB＝OB の鈍角黄金三角形とする。

$$OB=\sqrt{X^2+(\tan^2\alpha)X^2}=X\sqrt{1+\tan^2\alpha}$$
$$=X\sqrt{\frac{1}{\cos^2\alpha}}=\frac{X}{\cos\alpha}$$

$AB=\tan(\alpha+36°)\cdot X-\tan\alpha\cdot X$

よって　$\dfrac{X}{\cos\alpha}=\tan(\alpha+36°)\cdot X-\tan\alpha\cdot X$

即ち　$\tan(\alpha+36°)-\tan\alpha=\dfrac{1}{\cos\alpha}$

$$\frac{\tan\alpha+\tan 36°}{1-\tan\alpha\cdot\tan 36°}-\frac{\tan\alpha(1-\tan\alpha\cdot\tan 36°)}{1-\tan\alpha\cdot\tan 36°}=\frac{1}{\cos\alpha}$$

$$\frac{\tan\alpha+\tan 36°-\tan\alpha+\tan^2\alpha\cdot\tan 36°}{1-\tan\alpha\cdot\tan 36°}=\frac{1}{\cos\alpha}$$

$\tan 36°(1+\tan^2\alpha)\cos\alpha=1-\tan\alpha\cdot\tan 36°$

$\tan 36°\dfrac{1}{\cos^2\alpha}\cos\alpha=1-\tan\alpha\cdot\tan 36°$

（図）$y=\tan(\alpha+36°)\cdot x$、$y=\tan\alpha\cdot x$、$(0°<\alpha<54°)$
直線 AB は y 軸と平行とする。

$$\frac{\tan 36°}{\cos \alpha} = 1 - \tan \alpha \cdot \tan 36°$$

$$\frac{\sin 36°}{\cos 36° \cdot \cos \alpha} = 1 - \frac{\sin \alpha \cdot \sin 36°}{\cos \alpha \cdot \cos 36°} = \frac{\cos \alpha \cdot \cos 36° - \sin \alpha \cdot \sin 36°}{\cos \alpha \cdot \cos 36°}$$

$$= \frac{\cos(\alpha + 36°)}{\cos \alpha \cdot \cos 36°}$$

∴ $\sin 36° = \cos(\alpha + 36°)$ から $\alpha = 18°$

このとき

$$\frac{\text{OA}}{\text{OB}} = \frac{\sqrt{X^2 + \tan^2(\alpha + 36°) \cdot X^2}}{\sqrt{X^2 + \tan^2 \alpha \cdot X^2}} = \frac{X\sqrt{1 + \tan^2(\alpha + 36°)}}{X\sqrt{1 + \tan^2 \alpha}}$$

$$= \frac{\sqrt{1 + \tan^2(\alpha + 36°)}}{\sqrt{1 + \tan^2 \alpha}}$$

$$= \sqrt{\frac{1}{\cos^2(\alpha + 36°)}} \Big/ \sqrt{\frac{1}{\cos^2 \alpha}} = \frac{1}{\cos(\alpha + 36°)} \Big/ \frac{1}{\cos \alpha} =$$

$$= \frac{\cos \alpha}{\cos(\alpha + 36°)}$$

($\alpha = 18°$ より)

$$= \frac{\cos 18°}{\cos 54°} = \frac{\cos 18°}{4\cos^3 18° - 3\cos 18°} = \frac{1}{4\cos^2 18° - 3}$$

$$\left(ここで \cos^2 18° = \frac{1 + \cos 36°}{2} = \frac{1 + \frac{1+\sqrt{5}}{4}}{2} = \frac{5+\sqrt{5}}{8} より \right)$$

$$= \frac{1}{4 \cdot \frac{5+\sqrt{5}}{8} - 3} = \frac{1}{\frac{5+\sqrt{5}}{2} - 3} = \frac{1}{\frac{5+\sqrt{5}-6}{2}} = \frac{1}{\frac{\sqrt{5}-1}{2}}$$

$$= \frac{2}{\sqrt{5}-1} = \frac{2(\sqrt{5}+1)}{4} = \frac{1+\sqrt{5}}{2}$$

(参考)

∠OAB = ∠AOB = 36° より ∠OBH = 72° 従って ∠BOH = 18°

第4章
平面幾何

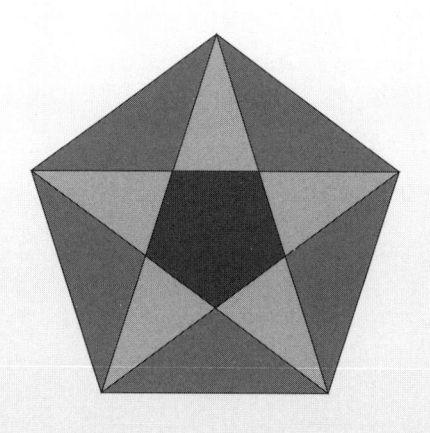

72 平行線と比例の関係(1)

一辺が a, 対角線が b の長さの
正五角形 ABCEF について，右図より

$\quad$ HE ＝ AE－AH ＝ $b-a$

$\quad$ GH ＝ AE－AG－HE ＝ $b-2(b-a)$

$\qquad$ ＝ $2a-b$

ここで　AE ∥ BD であるので

$\quad$ GH : HE ＝ BC : CD

また　△ACE ≡ △DEC　より

CD ＝ EA ＝ b　であるので
上の式は

$\quad (2a-b) : (b-a) = a : b$

∴ $\quad b(2a-b) - a(b-a) = 0$

$\qquad b^2 - ab - a^2 = 0$

$\qquad \dfrac{b}{a} = \dfrac{1+\sqrt{5}}{2}$

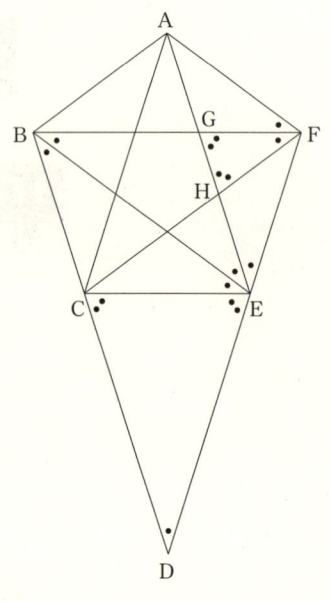

・1つの点は 36° を示す．

73 平行線と比例の関係(2)

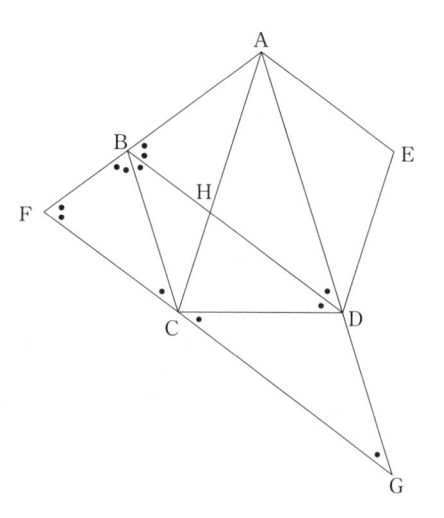

正五角形 ABCDE の一辺の長さを a,
対角線の長さを b とする。
また右図で FG ∥ BD である。
すると FC = BC = a,
BC ∥ DG で　四角形 BCGD は
平行四辺形となり CG = BD = b,
BH = BD − HD = $b − a$

ここで　$\dfrac{BH}{FC} = \dfrac{AH}{AC} = \dfrac{HD}{CG}$

∴　$\dfrac{BH}{FC} = \dfrac{HD}{CG}$　即ち　$\dfrac{b-a}{a} = \dfrac{a}{b}$

よって　$b^2 - ab - a^2 = 0$　から　$\dfrac{b}{a} = \dfrac{1+\sqrt{5}}{2}$

•印は 36° の大きさを表わす。

74 トレミーの定理(1)

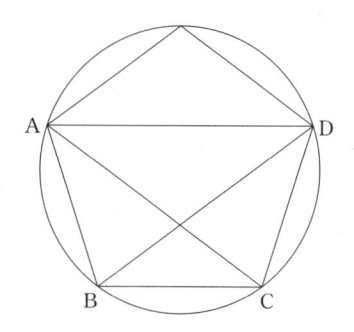

正五角形は円に内接する。
正五角形の一辺の長さを 1,
対角線の長さを x とすると,
四角形 ABCD は円に内接するので
　AB·CD + BC·AD = AC·BD
即ち

$1 \cdot 1 + 1 \cdot x = x \cdot x$

$x^2 - x - 1 = 0$ から

$x = \dfrac{1 + \sqrt{5}}{2}$

75 トレミーの定理(2)

正五角形 ABCDE の一辺の長さを a,
対角線の長さを b とする。
AG // CF とすると
∠AGC = ∠GCF = 36°
また ∠ACG = 36° であり
AG = AC = b。

・1点は 36° を表わす。

次に ∠FAC = ∠ACF = 72° なので ∠CFA = 36° = ∠ECF。よって
EF = EC = b。さらに DF = EF = b および ∠EAG = ∠EGA(= 36°) から
EG = EA = a。また △ACE ≡ △GFE より GF = AC = b
ここで ∠AGC = ∠AFC より 点 A, C, F, G は同一円周上にあるので
トレミーの定理により

AF・GC = AG・CF + AC・GF

よって $(a+b)^2 = b(a+b) + b^2$

∴ $a^2 + 2ab + b^2 = ab + b^2 + b^2$

$b^2 - ab - a^2 = 0$

$\dfrac{b}{a} = \dfrac{1 + \sqrt{5}}{2}$

76 メネラウスの定理(1)

△ABE と △CDE とで
AE = CE, ∠BAE = ∠BEA = ∠DCE = ∠DEC(= 72°)
∴ △ABE ≡ △CDE
よって BA = DC = b,
BE = DE = b
△ABC と直線 DE とで
メネラウスの定理によって

$$\frac{EC}{BE} \cdot \frac{FA}{CF} \cdot \frac{DB}{AD} = 1$$

∴ $\dfrac{a}{b} \cdot \dfrac{b-a}{a} \cdot \dfrac{a+b}{a} = 1$

$(b-a)(b+a) = ab$

$b^2 - ab - a^2 = 0$

∴ $\dfrac{b}{a} = \dfrac{1+\sqrt{5}}{2}$

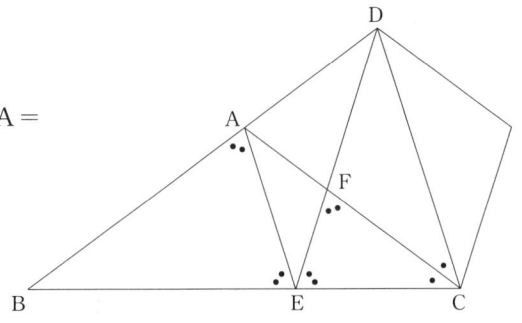

• 1点は 36° を表わす。
正五角形の一辺は a, 対角線は b の長さである。

77 メネラウスの定理(2)

△ABC と直線 FD が交わっているとき
メネラウスの定理より

$$\frac{EB}{AE} \cdot \frac{FC}{BF} \cdot \frac{DA}{CD} = 1$$

ここで

$$\frac{EB}{AE} = \frac{ED}{AE} = \frac{BD}{GB} = \frac{a}{b}$$

(∵ △GBD ∽ △AED)

また

$$\frac{FC}{BF} = \frac{a+b}{a}, \quad \frac{DA}{CD} = \frac{a}{b}$$

従って

$$\frac{a}{b} \cdot \frac{a+b}{a} \cdot \frac{a}{b} = 1$$

整理すると

$$b^2 - ab - a^2 = 0$$

よって $\dfrac{b}{a} = \dfrac{1+\sqrt{5}}{2}$

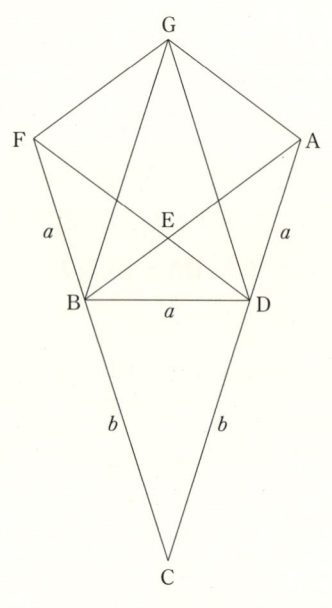

正五角形の一辺の長さを a, 対角線の長さを b とする。

78 メネラウスの定理(3)

正五角形 ABCDE の一辺の長さを a, 対角線の長さを b とする。また右図で FJ ∥ CD とする。

△FGJ と直線 AD とでメネラウスの定理より

$$\frac{AJ}{FA} \cdot \frac{HG}{JH} \cdot \frac{DF}{GD} = 1$$

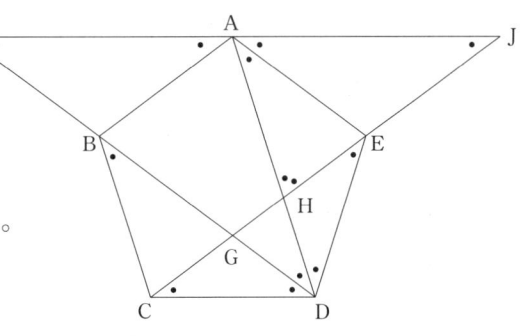

• は $36°$ を表わす。

ここで FA = AJ = b （△FBA ≡ △AEJ ≡ △DEA より）

JH = JA = b, HG = HC − GC = HC − (EC − EG) = $a − (b − a) = 2a − b$

GD = $b − a$, DF = DB + BF = DB + BA = $b + a$

これらによって

$$\frac{b}{b} \cdot \frac{2a-b}{b} \cdot \frac{b+a}{b-a} = 1$$

よって　$b(b − a) = (2a − b)(b + a)$

∴　$b^2 − ab − a^2 = 0$

従って　$\dfrac{b}{a} = \dfrac{1 + \sqrt{5}}{2}$

79 角の2等分線の定理(1)

右図において角の2等分線の定理から
　　$AB : AD = BF : FD$
$FD = CD = a$ により，上の式は
　　$a : b = (b-a) : a$
$\therefore \quad a^2 = b(b-a)$
よって　$b^2 - ab - a^2 = 0$　より
　　$\dfrac{b}{a} = \dfrac{1+\sqrt{5}}{2}$

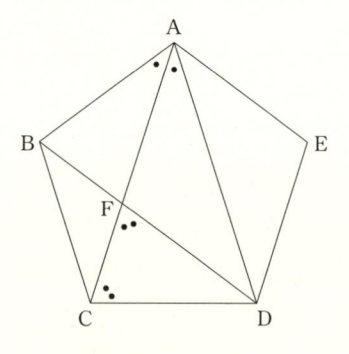

• は 36° を表わす。
正五角形の一辺の長さを a,
対角線の長さを b とする。

80 角の2等分線の定理(2)

ABCDE は一辺の長さが a,
対角線の長さが b の正五角形である。
　　$\triangle BFC \equiv \triangle DAC$ より
　　$BF = FC = b$
角の2等分線の定理によって
　　$AF : AD = FC : CD$
ここで　$AF = AB + BF = a+b$ より
　　$(a+b) : b = b : a$
よって　$(a+b)a = b^2$ から　$b^2 - ab - a^2 = 0$ となり　$\dfrac{b}{a} = \dfrac{1+\sqrt{5}}{2}$
を得る。

81 三角形の相似と角の2等分線の定理

$\triangle ABC \infty \triangle BDA$

∴ $AB : BC = BD : DA$

  $a : b = BD : a$

よって $BD = \dfrac{a^2}{b}$

また $DC = BC - BD = b - \dfrac{a^2}{b}$

次に角の2等分線の定理より

  $AB : AC = BD : DC$

よって

  $a : b = \dfrac{a^2}{b} : \left(b - \dfrac{a^2}{b}\right)$

∴ $a\left(b - \dfrac{a^2}{b}\right) = a^2$

整理して

  $b^2 - ab - a^2 = 0$

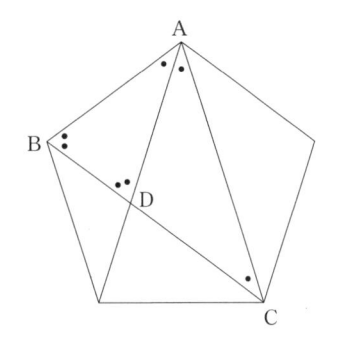

よって $\dfrac{b}{a} = \dfrac{1 + \sqrt{5}}{2}$

・は 36°の大きさを表わす。
正五角形の一辺の長さを a,
対角線の長さを b とする。

82 パップスの定理と余弦定理

鋭角黄金三角形 ABC において，M は BC の中点である。

余弦定理より

$$AM^2 = AC^2 + MC^2 - 2AC \cdot MC \cos C$$

$$= a^2 + \left(\frac{b}{2}\right)^2 - 2a \cdot \frac{b}{2} \cos 72°$$

$$= a^2 + \frac{b^2}{4} - \frac{-1+\sqrt{5}}{4} a \cdot b = a^2 + \frac{b^2}{4} + \frac{1-\sqrt{5}}{4} ab$$

$$\left(\cos 72° = 2\cos^2 36° - 1 = 2\left(\frac{1+\sqrt{5}}{4}\right)^2 - 1 = \frac{-1+\sqrt{5}}{4}\right)$$

パップスの定理より

$$AB^2 + AC^2 = 2AM^2 + 2BM^2$$

$$\therefore \quad b^2 + a^2 = 2 \cdot \left(a^2 + \frac{b^2}{4} + \frac{1-\sqrt{5}}{4} ab\right) + 2\left(\frac{b}{2}\right)^2$$

整理して

$$a^2 + \frac{1-\sqrt{5}}{2} ab = 0$$

$a \neq 0$ より

$$a + \frac{1-\sqrt{5}}{2} b = 0$$

$$\frac{b}{a} = \frac{2}{\sqrt{5}-1} = \frac{1+\sqrt{5}}{2}$$

83 接線の定理(1)

正五角形の外接円の B における
接線に関して
∠ABF ＝ ∠BDF ＝ ∠BFC ＝ 36°
であり，AB ∥ FC となる。
よって　ABDE は平行四辺形であって
　AB ＝ ED ＝ a
　AF ＝ AE － FE ＝ BD － FE ＝ $b - a$
次に接線の定理によって
　$AB^2 = AF \cdot AE$
即ち
　$a^2 = (b-a)b$
∴　$b^2 - ab - a^2 = 0$
　$\dfrac{b}{a} = \dfrac{1+\sqrt{5}}{2}$

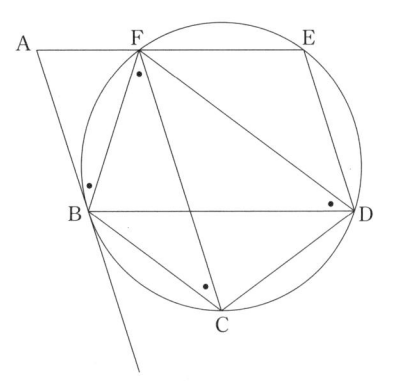

・1点は 36°を表わす。
正五角形 BCDEF の一辺は a，
対角線は b の長さである。

84 接線の定理(2)

正五角形のAにおける接線とCBとの交点をDとする。

$\angle DAB = \angle ACB = 36°$

また $\angle DBA = 180° - \angle ABC$
$\qquad\qquad = 180° - 72° = 108°$

従って $\angle BDA = 36°$ となって
  $DB = BA = 1$

次に $\angle ADC = \angle ACD$ より
  $AD = AC = x$

接線の定理によって
  $DA^2 = DB \cdot DC$
  $\qquad = DB(DB + BC)$

即ち
  $x^2 = 1 \cdot (1+x)$
  $x^2 - x - 1 = 0$

$\therefore\ x = \dfrac{1+\sqrt{5}}{2}$

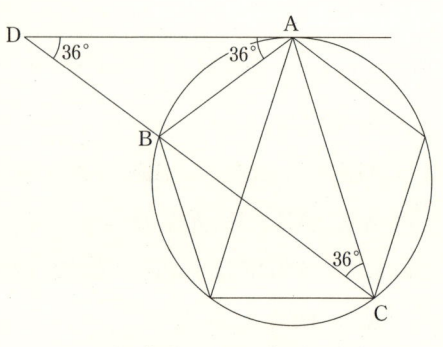

正五角形の一辺の長さを1,
対角線の長さをxとする。

85 接線の定理(3)

正五角形の一辺の長さを a, 対角線の長さを b とする。

　$\angle \mathrm{BAC} = \angle \mathrm{ADC} = 36°$

よって △ACD の外接円は A において BA に接する。

従って接線の定理によって

　$\mathrm{BA}^2 = \mathrm{BC} \cdot \mathrm{BD}$

また　$\mathrm{BC} = \mathrm{BD} - \mathrm{CD} = b - a$ だから，上の式は

　$a^2 = (b-a)b$

∴　$b^2 - ab - a^2 = 0$

よって　$\dfrac{b}{a} = \dfrac{1+\sqrt{5}}{2}$

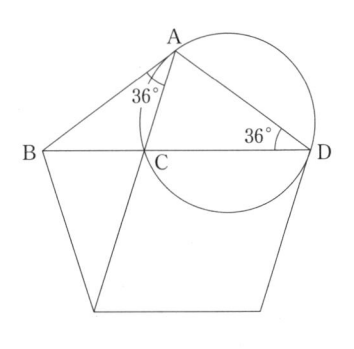

86 接線の定理(4)

正五角形 ABCDE の一辺の長さは a、対角線の長さは b である。

右図で EF ∥ AD とすると

$\angle$FED $= \angle$EDA $= 36°$

$\angle$FDG $= \angle$BDC $= 36°$

よって $\angle$FDG $= \angle$DEG のため
FD は △EDG の外接円に D において接する。よって

$FD^2 = FG \cdot FE$

ここで FD $=$ DE $= a$、△ECD $\equiv$ △EFD より EF $=$ EC $= b$、
EG $=$ ED $= a$ のため、上の式は

$a^2 = (b-a)b$

よって $b^2 - ab - a^2 = 0$ のため $\dfrac{b}{a} = \dfrac{1+\sqrt{5}}{2}$

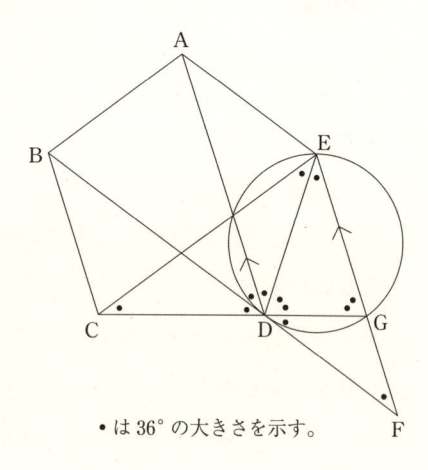

・は 36° の大きさを示す。

87 接線の定理(5)

$\angle \text{CAD} = \angle \text{AED} = 36°$

よって △ADE の外接円は A において直線 CA に接する。

従って

$\text{CA}^2 = \text{CD} \cdot \text{CE}$

正五角形の一辺の長さを a, 対角線の長さを b とすると,

$\text{CA} = b - a$

$\text{CD} = \text{CE} - \text{DE} = \text{CE} - (\text{BE} - \text{BD}) = a - (b - a) = 2a - b$

$\text{CE} = a$

よって

$(b-a)^2 = (2a-b)a$

∴ $b^2 - ab - a^2 = 0$

即ち $\dfrac{b}{a} = \dfrac{1+\sqrt{5}}{2}$ が得られる。

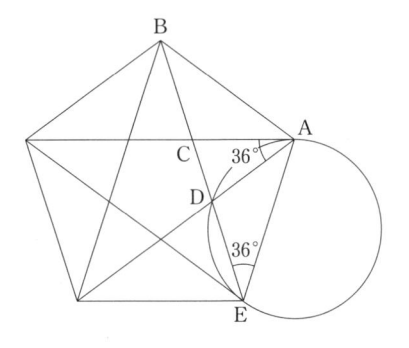

88 接線の定理(6)

正五角形 ABCDE の一辺を a, 対角線を b とし,また右図で GA ∥ BE, FB ∥ AC とする。

∠FAG = ∠FEB = 36°

∠GBA = ∠BAC = 36°

よって ∠GBA = ∠GAF より FA は A において △GBA の外接円と接する。よって

$FA^2 = FG \cdot FB$

次に △EFB ≡ △ACD より FB = CD = a, FE = CA = b だから FA = FE - AE = $b-a$, 次に四角形 GBHA は,ひし形であるので, GA = $b-a$ で,さらに △FGA ∽ △FBE より FG : GA = FB : BE

即ち FG : $(b-a) = a : b$ ∴ $FG = \dfrac{a(b-a)}{b}$

上の式に代入して

$(b-a)^2 = \dfrac{a(b-a)}{b} \cdot a$

∴ $b-a = \dfrac{a^2}{b}$

$b^2 - ab - a^2 = 0$

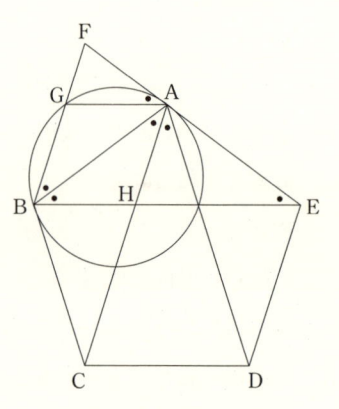

よって $\dfrac{b}{a} = \dfrac{1+\sqrt{5}}{2}$

・1点につき 36° を表わす。

89 方べきの定理

正五角形 ABCDE において
AB $= a$, AC $= b$ とする
△ABG ∽ △DAC
より　AB : AG = DA : DC
∴　　a : AG $= b : a$
　　　AG $= \dfrac{a^2}{b}$

又 GE = BE − BG $= b - a$
円に内接する台形 ABDE において方べきの定理によって
　　BG・GE = AG・GD
∴　$a \cdot (b-a) = \dfrac{a^2}{b} \cdot a$

よって　$b^2 - ab - a^2 = 0$　より　$\dfrac{b}{a} = \dfrac{1+\sqrt{5}}{2}$　が得られる。

・1 点につき 36° を表わす。

90 円周角の定理と方べきの定理(1)

図で FB ＝ a，また FG ∥ BC，BG ∥ AC とすると
△FGB ≡ △CEB よって
BG ＝ BE ＝ b となる。
次に KA ∥ FE とすると，
四辺形 KBHA はひし形となり
KB ＝ AH ＝ AC − HC ＝ $b - a$
となる。
ここで ∠JKG ＝ ∠JFG ＝ 72° であるので
　(∵ △JKB ≡ △BJA で ∠JKB ＝ ∠BJA ＝ 72°)
四点 J, K, F, G は同一の円周上にある。
従って　方べきの定理によって
　　KB・BG ＝ FB・BJ
即ち
　　$(b-a) \cdot b = a \cdot a$
よって　$b^2 - ab - a^2 = 0$　から
$$\frac{b}{a} = \frac{1+\sqrt{5}}{2}$$

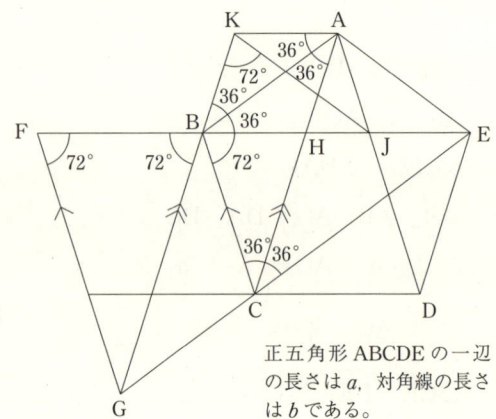

正五角形 ABCDE の一辺の長さは a，対角線の長さは b である。

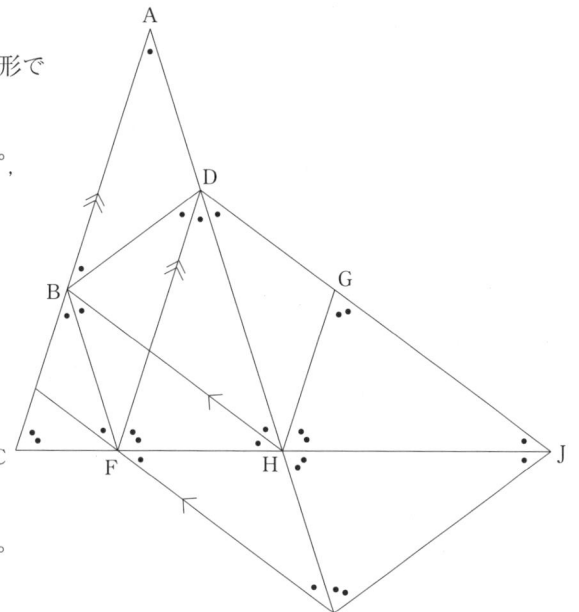

91 円周角の定理と方べきの定理(2)

△JDF は鋭角黄金三角形で
∠DJF = 36°，また
∠FKD = ∠BHD = 36°，
即ち ∠DJF = ∠DKF
のため D, F, K, J は
同一円周上にある。
よって
∠KJF = ∠KDF = 36°
次に
AC ∥ DF とすると，
∠CAK = ∠FDK = 36°
よって
∠CAK = ∠CJK となって
A, C, K, J は
同一円周上にある。

・は 36° の大きさを表わす。
DBFHG は一辺が a，対角線が b の正五角形である。
また FK ∥ BH である。

従って AH・HK = CH・HJ 即ち (AD+DH)HK = CH・HJ
ここで AD = BD = a，DH = b，HK = BF = a，CH = BH = b，
HJ = HD = b なので　これらを代入して

$$(a+b)a = b^2$$

∴　$b^2 - ab - a^2 = 0$

よって　$\dfrac{b}{a} = \dfrac{1+\sqrt{5}}{2}$

92 円周角の定理と方べきの定理(3)

BC ∥ ED とすると

∠CBD = ∠BDE = 36°

AC ∥ HG とすると

∠CAD = ∠GHD = 36°

よって ∠CBD = ∠CAD

となって，

4点 A，B，C，D は

同一円周上にある．

従って

AF・FC = BF・FD

ここで △HAE ≡ △EGH より

AE = GH = b

また EF = EG = a より，AF = AE+EF = $b+a$

次に EC = EB = ED = b よって FC = EC−EF = $b−a$

さらに，BF = EF = a，FD = ED = b などより

(AE+EF)FC = BF・FD

に代入すると　結局

$(b+a)(b-a) = ab$

これにより　$b^2 - ab - a^2 = 0$　から

$$\frac{b}{a} = \frac{1+\sqrt{5}}{2}$$

・は 36°の大きさを示す。
正五角形 EGDJH の一辺の長さを a，対角線の長さを b とする。

93 外接円と角の2等分線の関係

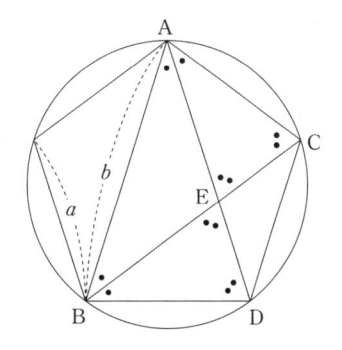

右図で △ABD∽△AEC より
  AB : AD = AE : AC
よって
  AB・AC = AD・AE
       = (AE+ED)AE
       = AE^2 + ED・AE
ここで BD : DE = AB : BD 即ち
  a : DE = b : a より DE = $\dfrac{a^2}{b}$

だから 結局
$$b \cdot a = a^2 + \dfrac{a^2}{b} \cdot a$$

よって
$$b^2 - ab - a^2 = 0$$
$$\therefore \ \dfrac{b}{a} = \dfrac{1+\sqrt{5}}{2}$$

・は 36°の大きさを示す。
正五角形の一辺を a,
対角線を b とする。

(参考)
右図で AD が ∠A の2等分線であるとき
  AB・AC = AD・AE
       = (AE+ED)AE
       = AE^2 + ED・AE

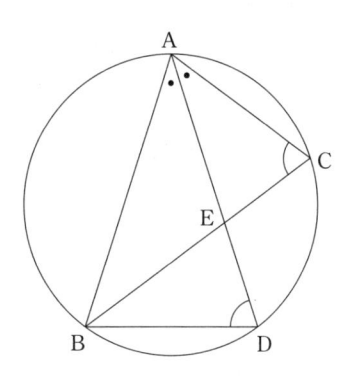

94 内接する正五角形

$AB = a$, $AC = b$ で，また
D は AB の中点で，元の正五角形に
内接する正五角形の1つの頂点である。
$\triangle EDB \backsim \triangle BCA$ より

$\quad ED : DB = BC : CA$

∴ $ED : \dfrac{a}{2} = a : b$ より

$\quad ED = \dfrac{a^2}{2b}$

次に DE ∥ AC より

$\quad ED = \dfrac{1}{2} FA = \dfrac{1}{2}(CA - CF) = \dfrac{1}{2}(b-a)$

以上より

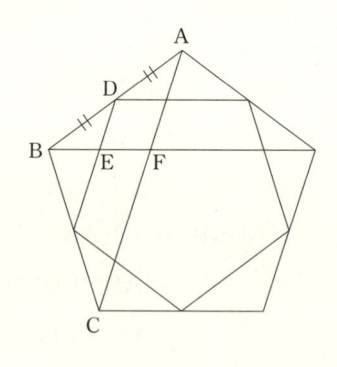

$\quad \dfrac{1}{2}(b-a) = \dfrac{a^2}{2b}$

∴ $b^2 - ab - a^2 = 0$

よって $\dfrac{b}{a} = \dfrac{1+\sqrt{5}}{2}$

95 外接する正五角形

正五角形 ABCDE について，
一辺の長さは a，対角線の長さは b である。
また，別の正五角形が外接している。
（右図）

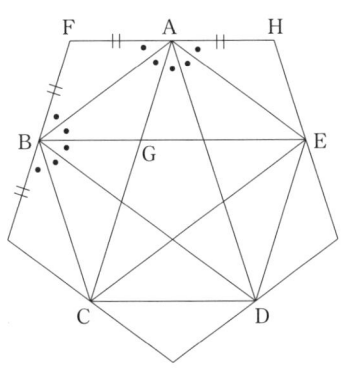

ここで　$\triangle \text{AFB} \backsim \triangle \text{ABC}$　より

$$\frac{\text{AF}}{\text{AB}} = \frac{\text{AB}}{\text{AC}}$$

$\therefore \quad \dfrac{\text{AF}}{a} = \dfrac{a}{b}$　から　$\text{AF} = \dfrac{a^2}{b}$

（A は FH の中点）

また　$\triangle \text{AFB} \equiv \triangle \text{BGA}$ で $\triangle \text{BGA}$ は二等辺三角形であるので

$$\text{AG} = \text{AF} = \frac{a^2}{b}$$

一方　$\text{AG} = \text{AC} - \text{GC} = b - a$

$\therefore \quad \dfrac{a^2}{b} = b - a$

$\therefore \quad b^2 - ab - a^2 = 0$

よって　$\dfrac{b}{a} = \dfrac{1 + \sqrt{5}}{2}$

第5章
三角形の面積

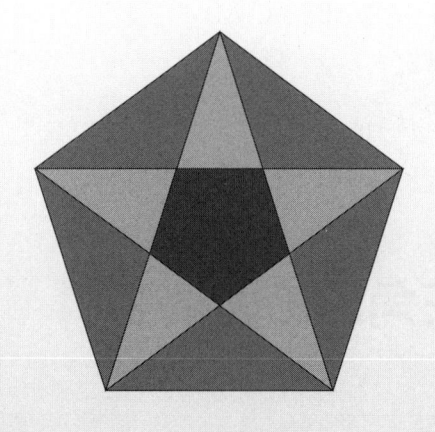

96 三角形の面積(1)

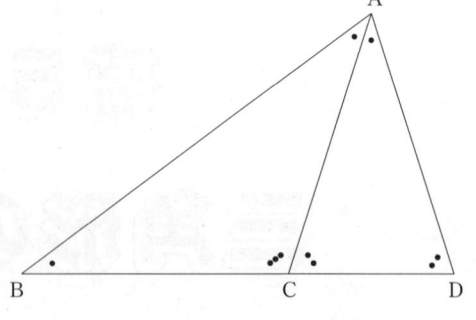

$AB = BD = b$, $AD = a$ とする。

ここで $\dfrac{b}{a}$ を求める。

まず $BC = CA = AD = a$,

$CD = b - a$

次に

$\triangle ABD = \triangle ABC + \triangle ACD$ より

$\dfrac{1}{2} BA \cdot BD \sin 36° = \dfrac{1}{2} AB \cdot AC \sin 36° + \dfrac{1}{2} AC \cdot AD \sin 36°$

よって $BA \cdot BD = AB \cdot AC + AC \cdot AD$

即ち $b^2 = ba + a^2$

従って $b^2 - ab - a^2 = 0$ から $\dfrac{b}{a} = \dfrac{1+\sqrt{5}}{2}$ となる。

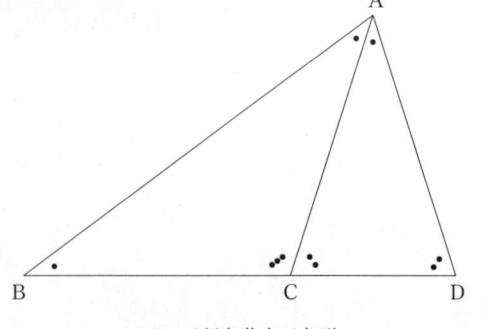

△ABD は鋭角黄金三角形で，
•印 1 点は 36°を表わす。

97 三角形の面積(2)

$AB = BD = b$, $AD = a$ とする。

まず $BC = CA = AD = a$,

次に $\triangle ABD \backsim \triangle DAC$ より

$AB : AD = DA : DC$

即ち $b : a = a : DC$,

よって $DC = \dfrac{a^2}{b}$

△ABD は鋭角黄金三角形で，
•印 1 点は 36°を表わす。

次に　△ABD＝△ABC＋△ACD　より

$\frac{1}{2}$AB・AD sin 72°＝$\frac{1}{2}$AC・BC sin 108°＋$\frac{1}{2}$AD・CD sin 72°

sin 108°＝sin 72° なので　結局

AB・AD＝AC・BC＋AD・CD

$ab = a^2 + a \cdot \frac{a^2}{b}$

よって　$b^2 - ab - a^2 = 0$　より　$\frac{b}{a} = \frac{1+\sqrt{5}}{2}$　である。

98　三角形の面積(3)

△ABD は AB＝AD＝a, BD＝b の
鋭角黄金三角形である。
右図で

$\frac{a}{b-a} = \frac{CD}{BC} = \frac{\triangle ACD}{\triangle ABC}$

$= \dfrac{\frac{1}{2}DA \cdot DC \sin D}{\frac{1}{2}AB \cdot AC \sin A} = \dfrac{a^2 \sin 36°}{a \cdot \frac{a^2}{b} \sin 36°} = \dfrac{b}{a}$

（△ABD∽△CAB　より　CA：AB＝AB：BD　即ち

　　CA：a＝a：b　より　CA＝$\frac{a^2}{b}$）

よって　$a^2 = b(b-a)$　から　$b^2 - ab - a^2 = 0$　従って　$\frac{b}{a} = \frac{1+\sqrt{5}}{2}$

99 三角形の面積(4)

△ABD は AB = AD = a, BD = b の
鋭角黄金三角形である。

すると　CD = AD = a,

BC = AC = $b-a$

△ABD = △ABC + △ACD　より

$$\frac{1}{2}AB \cdot AD \sin 108° = \frac{1}{2}CB \cdot AC \sin 108° + \frac{1}{2}AC \cdot CD \sin 72°$$

ここで　$\sin 108° = \sin 72°$ であるので　結局

　AB·AD = CB·AC + AC·CD

∴　$a^2 = (b-a)^2 + a(b-a)$

よって　$b^2 - ab - a^2 = 0$　より　$\dfrac{b}{a} = \dfrac{1+\sqrt{5}}{2}$

100 三角形の面積(5)

AB = AE = a, BE = b とすると,
△ABE は正五角形の一部であり
$\dfrac{b}{a}$ を求める。

まず　BC = AC = AD = DE = $b-a$

次に

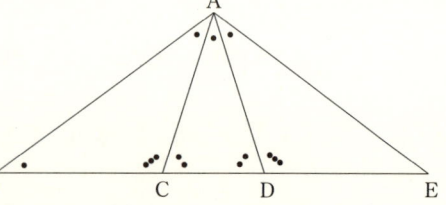

△ABE = △ABC + △ACD + △ADE　より

△ABE は鈍角黄金三角形で,
•印1点は 36° を表わす。

$$\frac{1}{2}\mathrm{BA}\cdot\mathrm{BE}\sin 36° = \frac{1}{2}\mathrm{AB}\cdot\mathrm{AC}\sin 36° + \frac{1}{2}\mathrm{AC}\cdot\mathrm{AD}\sin 36°$$
$$+\frac{1}{2}\mathrm{AD}\cdot\mathrm{AE}\sin 36°$$

即ち　$\mathrm{BA}\cdot\mathrm{BE} = \mathrm{AB}\cdot\mathrm{AC} + \mathrm{AC}\cdot\mathrm{AD} + \mathrm{AD}\cdot\mathrm{AE}$

よって　$ab = a(b-a) + (b-a)^2 + a(b-a)$

これから　$b^2 - ab - a^2 = 0$　となって　$\dfrac{b}{a} = \dfrac{1+\sqrt{5}}{2}$　となる。

(**参考**)　$\mathrm{CA} = \mathrm{DA} = \dfrac{a^2}{b}$　とすると

$$ab = a\cdot\frac{a^2}{b} + \frac{a^2}{b}\cdot\frac{a^2}{b} + \frac{a^2}{b}\cdot a$$

となって　$b^3 - 2a^2 b - a^3 = 0$　より　$(b+a)(b^2 - ab - a^2) = 0$

即ち　$b^2 - ab - a^2 = 0$　となる。

101 三角形の面積(6)

△ABC の面積を 2 通りの方法で表わすことで

$$\frac{1}{2}\mathrm{AB}\cdot\mathrm{AC}\sin A = \frac{1}{2}\mathrm{AB}\cdot\mathrm{BC}\sin B$$

即ち　$\dfrac{1}{2}b^2 \sin 36° = \dfrac{1}{2}ab\sin 72°$

∴　$b\sin 36° = a\sin 72°$

よって　$\dfrac{b}{a} = \dfrac{\sin 72°}{\sin 36°} = \dfrac{2\sin 36°\cos 36°}{\sin 36°} = 2\cos 36°$

$$= 2\cdot\frac{1+\sqrt{5}}{4} = \frac{1+\sqrt{5}}{2}$$

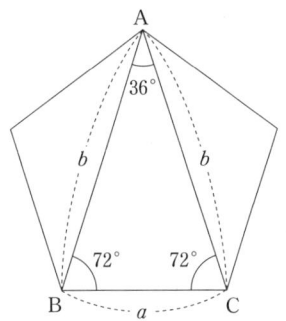

正五角形のなかの
鋭角黄金三角形 ABC

102 三角形の面積(7)

正五角形の一辺の長さを a, 対角線の長さを b とする。

△ABC ＝ △ABD ＋ △DBC

より

$\dfrac{1}{2} BC \cdot AC \sin C$

$= \dfrac{1}{2} AB \cdot DB \sin B + \dfrac{1}{2} BD \cdot BC \sin B$

ここで ∠DEC ＝ 180° － ∠BEC ＝ 180° － 108° ＝ 72°

また同様に ∠EDC ＝ 72° であることから △ABD ≡ △ECD

(∵ AD ＝ ED)

よって EC ＝ DC ＝ b

従って 上の式は

$\dfrac{1}{2}(a+b)^2 \sin 36° = \dfrac{1}{2} b^2 \sin 36° + \dfrac{1}{2} b(a+b) \sin 36°$

$(a+b)^2 = b^2 + b(a+b)$

$b^2 - ab - a^2 = 0$

∴ $\dfrac{b}{a} = \dfrac{1+\sqrt{5}}{2}$

103 三角形の面積（等積移動）(1)

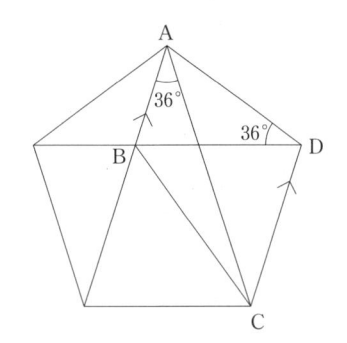

右図で正五角形は一辺が a,
対角線が b の長さになっている。
すると　$AB = b - a$ で
　　$\triangle ABC = \triangle ABD$　（∵　$AB \mathbin{/\mkern-5mu/} DC$）
∴　$\dfrac{1}{2} AB \cdot AC \sin 36° = \dfrac{1}{2} DA \cdot DB \sin 36°$

よって　$AB \cdot AC = DA \cdot DB$　より
　　$(b-a)b = a^2$
∴　$b^2 - ab - a^2 = 0$
　　$\dfrac{b}{a} = \dfrac{1 + \sqrt{5}}{2}$

104 三角形の面積（等積移動）(2)

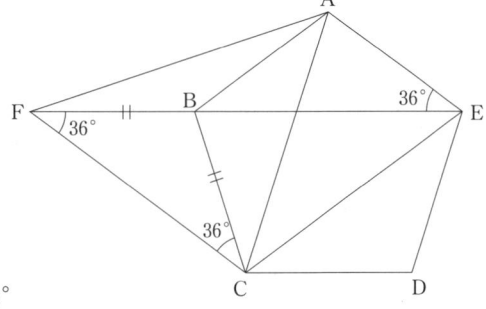

正五角形の一辺の長さを a,
対角線の長さを b とする。
右図で $FB = BC$ とすると
　$\angle FBC = 180° - \angle EBC$
　　　　　$= 180° - 72° = 108°$
従って　$\angle BFC = \angle FCB = 36°$
であり，また　$\angle BEA = 36°$ であることから　$AE \mathbin{/\mkern-5mu/} FC$。

従って

$\triangle AFE = \triangle ACE$

$\dfrac{1}{2} AE \cdot FE \sin E = \dfrac{1}{2} AC \cdot EC \sin C$

$\therefore \quad AE \cdot (FB + BE) = AC \cdot EC$

$\quad a(a+b) = b^2$

よって $b^2 - ab - a^2 = 0$ から $\dfrac{b}{a} = \dfrac{1+\sqrt{5}}{2}$

105 三角形の面積（等積移動）(3)

正五角形 FCEGH の一辺の長さを a，対角線の長さを b とする。
AD ∥ FE，DE ∥ CF とすると CDEF は平行四辺形となる。
また BF ∥ CH とする。

$\triangle ADE = \triangle ACE + \triangle CDE$
$\quad\quad\quad = \triangle ACF + \triangle CEF$
$\quad\quad\quad = \triangle BCF + \triangle CEF$
$\quad\quad\quad = \triangle BEF$

$\therefore \quad \dfrac{1}{2} AD \cdot DE \sin 36° = \dfrac{1}{2} BE \cdot FE \sin 36°$

よって $AD \cdot DE = BE \cdot FE$

$\quad\quad AD = AC + CD = CF + FE = a + b$

$\quad\quad DE = CE = a$

$\quad\quad BE = FE = b$

• は 36°の大きさを表わす。

これより　$(a+b)a = b^2$

∴　$b^2 - ab - a^2 = 0$

$\dfrac{b}{a} = \dfrac{1+\sqrt{5}}{2}$

106 三角形の面積（等積移動）(4)

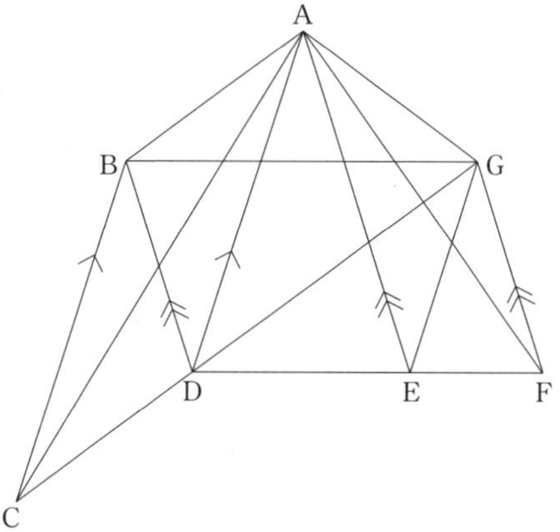

正五角形 ABDEG の一辺の長さを a, 対角線の長さを b とする。
右図で BC ∥ AD とすると
ABCD は平行四辺形となる。
また GF ∥ AE とすると
BDFG は平行四辺形となる。

△ACG = △ACD + △ADG
　　　= △ABD + △ADG
　　　= 台形 ABDG = 台形 ADEG
　　　= △ADE + △AEG = △ADE + △AEF = △ADF

即ち　△ACG = △ADF

よって　$\dfrac{1}{2}$AG·GC sin 72° = $\dfrac{1}{2}$AD·DF sin 72°

AG·GC = AD·DF

AG(GD+DC) = AD·BG

$a(b+a) = b \cdot b$

これから　$b^2 - ab - a^2 = 0$　となり　$\dfrac{b}{a} = \dfrac{1+\sqrt{5}}{2}$　が得られる。

107 三角形の面積（等積移動）(5)

正五角形 ABCDE の一辺の長さを a、対角線の長さを b とする。また右図で AG ∥ BE で、
△ACE ≡ △DFE、
△AEG ≡ △ABC である。

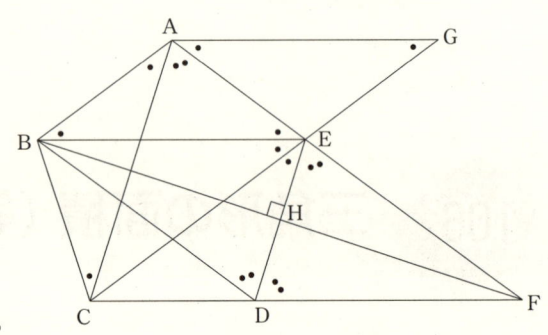

●印は 36° の大きさを示す。

△ACG = △ACE + △AEG
　　　= △ACE + △ABC = 台形 ABCE = 台形 ABDE
　　　= △ABE + △BDE = △ABE + △BFE = △ABF

即ち　△ACG = △ABF

よって　$\dfrac{1}{2}$ AG·AC sin 108° = $\dfrac{1}{2}$ AB·AF sin 108°

∴　AG·AC = AB·AF

　　$b \cdot b = a(a+b)$

　　$b^2 - ab - a^2 = 0$

よって　$\dfrac{b}{a} = \dfrac{1+\sqrt{5}}{2}$

108 三角形の面積（等積移動）(6)

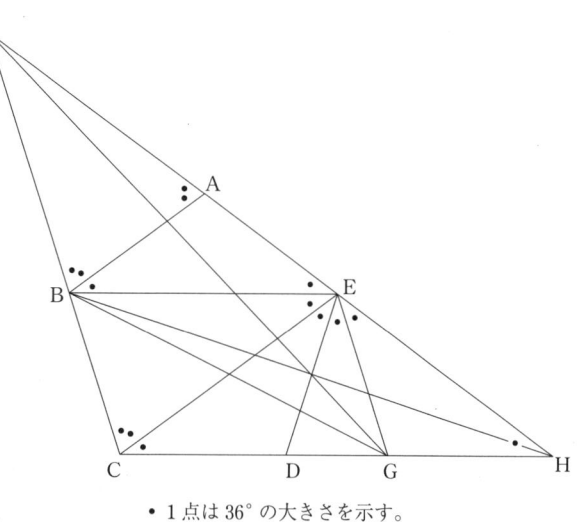

正五角形 ABCDE の一辺を a, 対角線を b とする。
また EG ∥ FC である。
△EFG = △EBG
　　　= △EBH
即ち
△EFG = △EBH
また，∠FEG = 144°，
∠BEH = 144° となる。

・1点は 36° の大きさを示す。

従って $\dfrac{1}{2}$EF・EG sin 144° = $\dfrac{1}{2}$EB・EH sin 144°

　　　EF・EG = EB・EH

　　　(EA + AF)EG = EB・EH

ここで，△AFB ≡ △CEB より　FA = EC = b

　　　∠EHC = ∠ECH = 36°　より　EH = EC = b

従って

$$(a+b)a = b^2$$

$$b^2 - ab - a^2 = 0$$

よって $\dfrac{b}{a} = \dfrac{1+\sqrt{5}}{2}$

109 三角形の面積（等積移動）(7)

△ABF は AB＝AF＝b の鋭角黄金三角形である。

すると ∠ABE＝72°＝∠BEC

よって AB∥EC

また BC∥AF

従って

△BCD＝△BCA＝△ABE

ここで

△BCD＝$\frac{1}{2}$ CB·CD sin C＝$\frac{1}{2}a^2$ sin 72°

△ABE＝$\frac{1}{2}$ BA·BE sin B

＝$\frac{1}{2}$ BA·(BG－EG) sin B＝$\frac{1}{2}b(b-a)$ sin 72°

∴ $\frac{1}{2}a^2$ sin 72°＝$\frac{1}{2}b(b-a)$ sin 72°

∴ $b^2-ab-a^2=0$

$\frac{b}{a}=\frac{1+\sqrt{5}}{2}$

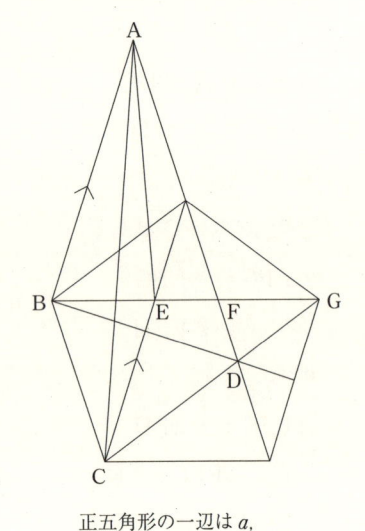

正五角形の一辺は a、対角線は b の長さである。

110 三角形の面積（等積移動）(8)

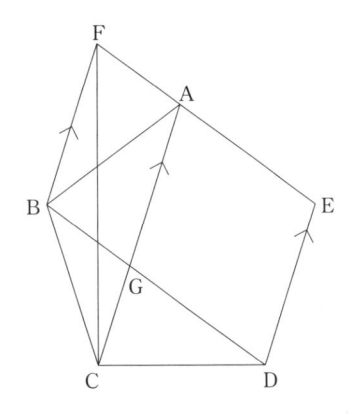

右の図で FBDE は平行四辺形である。
すると △AFC ＝ △ABC
ここで

$$\triangle \text{AFC} = \frac{1}{2} \text{AF} \cdot \text{AC} \sin A$$

$$= \frac{1}{2}(\text{EF} - \text{EA}) \text{AC} \sin 108°$$

$$= \frac{1}{2}(\text{DB} - \text{DG}) \text{AC} \sin 108°$$

$$= \frac{1}{2}(b-a)b \sin 108°$$

$$(\text{DG} = \text{DC} = a)$$

$$\triangle \text{ABC} = \frac{1}{2} \text{BA} \cdot \text{BC} \sin B$$

$$= \frac{1}{2} a^2 \sin 108°$$

正五角形 ABCDE の一辺の長さは a，対角線の長さは b である。

従って

$$\frac{1}{2}(b-a)b \sin 108° = \frac{1}{2} a^2 \sin 108°$$

$$(b-a)b = a^2$$

$$b^2 - ab - a^2 = 0$$

$$\frac{b}{a} = \frac{1+\sqrt{5}}{2}$$

111 三角形の面積（等積移動）(9)

正五角形 BCDEF の一辺の長さを a、対角線の長さを b とする。

右図で AC ∥ FD より

△FAG ＝ △FBG

よって

△AGE ＝ △FAG＋△FGE
　　　＝ △FBG＋△FGE ＝ △FBE

即ち　△AGE ＝ △FBE

従って　$\dfrac{1}{2}$EA・EG sin$E$ ＝ $\dfrac{1}{2}$EF・EB sin$E$

∴　$\dfrac{1}{2}$(EF＋FA)(EB－GB) sin 36° ＝ $\dfrac{1}{2}$EF・EB sin 36°

ここで　EF＋FA ＝ $a+b$,　EB－GB ＝ $b-a$　より

　$(a+b)(b-a) = ab$

よって　$b^2 - ab - a^2 = 0$　から　$\dfrac{b}{a} = \dfrac{1+\sqrt{5}}{2}$

112 三角形の面積（等積移動）(10)

正五角形 BDFGH の一辺の長さを a,
対角線の長さを b とし，AC ∥ HD とする。

$\triangle \text{ACD} = \triangle \text{ABD} + \triangle \text{BCD}$
$\quad\quad\quad = \triangle \text{EBD} + \triangle \text{EFG}$
$\quad\quad\quad = \triangle \text{EBD} + \triangle \text{EDG} = \triangle \text{GBD}$

よって

$\dfrac{1}{2} \text{AC} \cdot \text{CD} \sin C = \dfrac{1}{2} \text{BD} \cdot \text{DG} \sin D$

∴ $(\text{AB}+\text{BC})(\text{CF}-\text{DF}) \sin 72°$
$\quad = \text{BD} \cdot \text{DG} \sin 72°$

$(b+a)(b-a) = ab$

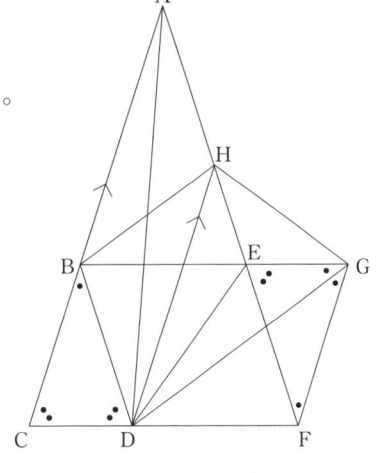

従って $b^2 - ab - a^2 = 0$ より $\dfrac{b}{a} = \dfrac{1+\sqrt{5}}{2}$

• は 36° の大きさを表わす。

113 三角形の面積（等積移動）(11)

右図において BF ∥ CG, AD ∥ FE
とする。

　　∠BCF = ∠FAC = 72°

　　∠CFB = ∠ACF = 36°

よって, △FBC ≡ △CFA

△ADF = △ACF + △CDF

　　　 = △BCF + △CDF

　　　 = △BCF + △CEF = △BEF

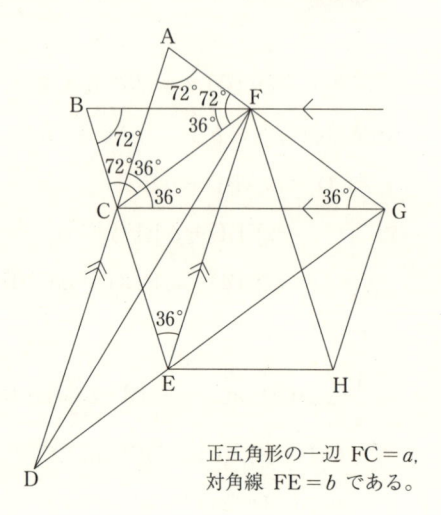

つまり　△ADF = △BEF である。

∴ $\frac{1}{2}$AD・AF sin A = $\frac{1}{2}$BF・EF sin F

ここで　∠A = 72°　また　∠BFE = ∠FEH = 72°

即ち, 上の式で sin A = sin F であり, よって　結局 AD・AF = BF・EF

次に △GAC ≡ △FEH だから　AC = EH = a

また（CD ∥ FE および CF ∥ DE であることから）

CDEF は平行四辺形であるので CD = FE = b

△ACG は二等辺三角形で AF = AG − FG = CG − FG = $b−a$

BF = FC = a, EF = b などにより

　　AD・AF = (AC+CD)AF = $(a+b)(b-a)$

　　BF・EF = $a \cdot b$

よって　$(a+b)(b-a) = ab$

即ち　$b^2 - ab - a^2 = 0$ より　$\frac{b}{a} = \frac{1+\sqrt{5}}{2}$ が求められた。

正五角形の一辺 FC = a,
対角線 FE = b である。

114 三角形の面積（等積移動）⑫

右図について，三角形の面積に関し

$\triangle \text{AED} = \triangle \text{AEC}$

それぞれ $\triangle \text{AEF}$ を差引いて

$\triangle \text{AFD} = \triangle \text{ECF}$

$\therefore \quad \dfrac{1}{2}\text{AF}\cdot\text{FD}\sin F = \dfrac{1}{2}\text{EF}\cdot\text{FC}\sin F$

つまり　$\text{AF}\cdot\text{FD} = \text{EF}\cdot\text{FC}$　となる。

ここで　$\text{AF} = \text{AC} - \text{FC} = b - a$

$\text{FD} = b - a$

また　$\text{EF} = \text{ED} - \text{FD} = \text{ED} - (\text{BD} - \text{BF}) = a - (b-a) = 2a - b$

$\text{FC} = a$　などより

$(b-a)(b-a) = (2a-b)a$

従って

$b^2 - 2ab + a^2 = 2a^2 - ab$

$b^2 - ab - a^2 = 0$

$\dfrac{b}{a} = \dfrac{1+\sqrt{5}}{2}$

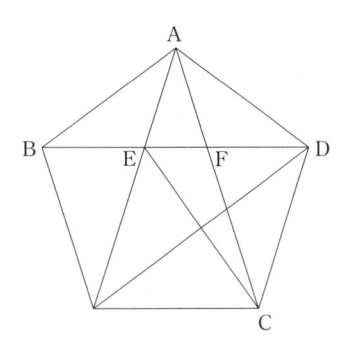

一辺の長さが a，対角線の長さが b の正五角形。

115 三角形の面積（ピタゴラスの定理）(1)

鈍角黄金三角形 ABC の面積 S を求める。

上の図で

$$AH = \sqrt{a^2 - \left(\frac{b}{2}\right)^2} = \frac{\sqrt{4a^2-b^2}}{2}$$

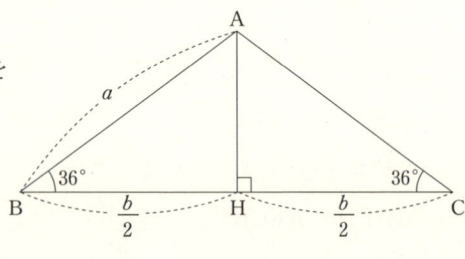

だから

$$S = b \times \frac{\sqrt{4a^2-b^2}}{2} \times \frac{1}{2} = \frac{b\sqrt{4a^2-b^2}}{4}$$

次に，別の方法で S を求める。

$DC = AC = a$ より $BD = b - a$

次に $DH = BH - BD$

$$= \frac{b}{2} - (b-a) = \frac{2a-b}{2}$$

また $AD = BD = b - a$ 等より

$$AH = \sqrt{AD^2 - DH^2} = \sqrt{(b-a)^2 - \left(\frac{2a-b}{2}\right)^2} = \frac{\sqrt{3b^2-4ab}}{2}$$

よって $S = b \times \dfrac{\sqrt{3b^2-4ab}}{2} \times \dfrac{1}{2} = \dfrac{b\sqrt{3b^2-4ab}}{4}$

以上によって $\dfrac{b\sqrt{4a^2-b^2}}{4} = \dfrac{b\sqrt{3b^2-4ab}}{4}$

$\therefore \quad 4a^2 - b^2 = 3b^2 - 4ab$

$\quad b^2 - ab - a^2 = 0$

従って $\dfrac{b}{a} = \dfrac{1+\sqrt{5}}{2}$

116 三角形の面積(ピタゴラスの定理)(2)

鋭角黄金三角形 ABC の面積 S を求める。

右の図で　$AH = \sqrt{b^2 - \left(\dfrac{a}{2}\right)^2} = \dfrac{\sqrt{4b^2-a^2}}{2}$

よって　$S = a \times \dfrac{\sqrt{4b^2-a^2}}{2} \times \dfrac{1}{2} = \dfrac{a\sqrt{4b^2-a^2}}{4}$

次に，別の方法で S を求める。

右の図で　$DH = \dfrac{1}{2}DB = \dfrac{1}{2}(AB - AD) = \dfrac{b-a}{2}$

よって　$CH = \sqrt{CD^2 - DH^2}$

$= \sqrt{a^2 - \left(\dfrac{b-a}{2}\right)^2}$

$= \dfrac{\sqrt{3a^2-b^2+2ab}}{2}$

$S = b \times \dfrac{\sqrt{3a^2-b^2+2ab}}{2} \times \dfrac{1}{2}$

$= \dfrac{b\sqrt{3a^2-b^2+2ab}}{4}$

以上によって　$\dfrac{a\sqrt{4b^2-a^2}}{4} = \dfrac{b\sqrt{3a^2-b^2+2ab}}{4}$

$a^2(4b^2-a^2) = b^2(3a^2-b^2+2ab)$

∴　$b^4 - 2b^3a + b^2a^2 - a^4 = 0$

ここで　$\dfrac{b}{a} = x$ とおくと

$x^4 - 2x^3 + x^2 - 1 = 0$

$x^2(x^2 - 2x + 1) - 1 = 0$

$x^2(x-1)^2 - 1 = 0$

$\{x(x-1)\}^2 - 1 = 0$

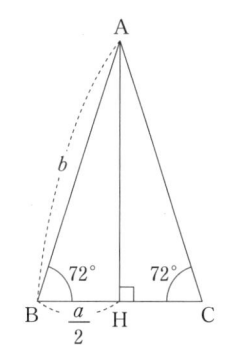

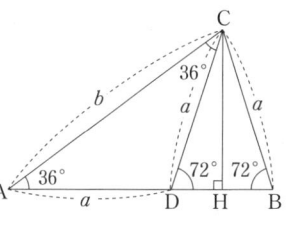

$\{x(x-1)+1\}\{x(x-1)-1\} = 0$

$(x^2-x+1)(x^2-x-1) = 0$

$x^2-x+1 = \left(x-\dfrac{1}{2}\right)^2 + \dfrac{3}{4} > 0$ で，$x>1$ より $x = \dfrac{1+\sqrt{5}}{2}$

117 三角形の面積（2倍角，3倍角の公式）

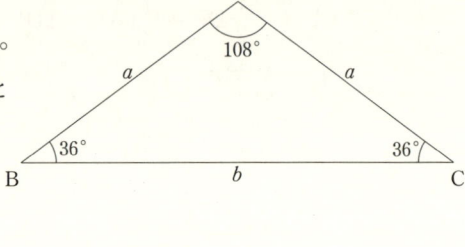

△ABC は鈍角黄金三角形である。
面積を2とおりの方法で表わすと

△ABC $= \dfrac{1}{2}$ AB・BC sin B

$ = \dfrac{1}{2} ab \sin 36°$

△ABC $= \dfrac{1}{2}$ AB・AC sin $A = \dfrac{1}{2} a^2 \sin 108°$

よって　$a \sin 108° = b \sin 36°$ ……………………①

ここで3倍角の公式によって　$\sin 108° = 3\sin 36° - 4\sin^3 36°$　であり，結局

$a(3\sin 36° - 4\sin^3 36°) = b\sin 36°$

即ち　$3a - 4a\sin^2 36° = b$　となり

$\sin^2 36° = \dfrac{3a-b}{4a}$ ……………………………②

次に　$\sin 108° = \sin 72°$ であるので①は

$a \sin 72° = b \sin 36°$

従って　$\sin 72° = 2\sin 36° \cos 36°$ を使うと

$2a\cos 36° = b$　より　$\cos 36° = \dfrac{b}{2a}$

第 5 章　三角形の面積　115

よって　$\cos^2 36° = \dfrac{b^2}{4a^2}$　………………………………③

②＋③より

$$\dfrac{3a-b}{4a} + \dfrac{b^2}{4a^2} = 1$$

整理すると　$b^2 - ab - a^2 = 0$　となり　これより　$\dfrac{b}{a} = \dfrac{1+\sqrt{5}}{2}$　が得られる。

118 三角形の面積（ピタゴラスの定理と3倍角の公式）

△ABC の面積を2とおりに表わすことで

$$\dfrac{1}{2} \text{AB} \cdot \text{BC} \sin B = \dfrac{1}{2} \text{AB} \cdot \text{AC} \sin A$$

$ab \sin 36° = a^2 \sin 108°$

∴　$b \sin 36° = a(3 \sin 36° - 4 \sin^3 36°)$

即ち　$b = a(3 - 4 \sin^2 36°)$　から

$$\dfrac{b}{a} = 3 - 4 \sin^2 36°$$

一辺が a，対角線が b の正五角形

ここでピタゴラスの定理より　$\text{AH} = \sqrt{a^2 - \dfrac{b^2}{4}} = \dfrac{\sqrt{4a^2 - b^2}}{2}$　であり

$\sin 36° = \dfrac{\text{AH}}{\text{BA}} = \dfrac{\sqrt{4a^2 - b^2}}{2a}$　となって，これを代入することで

$$\dfrac{b}{a} = 3 - 4 \left(\dfrac{\sqrt{4a^2 - b^2}}{2a} \right)^2$$

これを整理して　$b^2 - ab - a^2 = 0$　となって　$\dfrac{b}{a} = \dfrac{1+\sqrt{5}}{2}$

119 三角形の面積（黄金三角形の組合せ）

右の図で

$DF = DA = AH = b$ とする。

$\triangle JEG \backsim \triangle AHJ$ より

　$JE : EG = AH : HJ$ 即ち

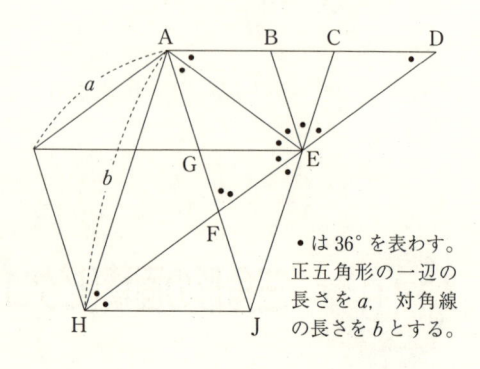

　$a : EG = b : a$ より

　$EG = \dfrac{a^2}{b} = EF$

・は $36°$ を表わす。正五角形の一辺の長さを a，対角線の長さを b とする。

次に　$EB = EC = \dfrac{a^2}{b}$ であり，これらを使うと

$\triangle EGF + \triangle EAG + \triangle EBA + \triangle ECB + \triangle EDC = \triangle DAF$ は

　$\dfrac{1}{2} \sin 36° (EG \cdot EF + EA \cdot EG + EB \cdot EA + EC \cdot EB + ED \cdot EC)$

$= \dfrac{1}{2} DA \cdot DF \sin 36°$

即ち　$\dfrac{a^2}{b} \cdot \dfrac{a^2}{b} + a \cdot \dfrac{a^2}{b} + \dfrac{a^2}{b} \cdot a + \dfrac{a^2}{b} \cdot \dfrac{a^2}{b} + a \cdot \dfrac{a^2}{b} = b^2$　が得られる。

これを整理して

　$b^4 - 3a^3 b - 2a^4 = 0$

$\dfrac{b}{a} = x$ とおくと　$x^4 - 3x - 2 = 0$

これを因数分解することで　$(x^2 - x - 1)(x^2 + x + 2) = 0$ が得られ，

　$x^2 + x + 2 = \left(x + \dfrac{1}{2}\right)^2 + \dfrac{7}{4} > 0$，また $x > 1$ より　$x = \dfrac{1 + \sqrt{5}}{2}$

(注)　$(x^2 + ax + b)(x^2 + cx + d) = x^4 - 3x - 2$ を展開して係数を比較することで

　　　$c = 1,\ a = -1,\ b = -1,\ d = 2$。

120 三角形の面積（ヘロンの公式）(1)

正五角形 ABCDE の一辺の長さを a, 対角線の長さを b とする。

$\triangle$ACD の面積をヘロンの公式を使って

$$\triangle \mathrm{ACD} = \sqrt{s(s-a)(s-b)(s-b)}$$

$$\left(s = \frac{1}{2}(a+2b) = \frac{1}{2}a+b\right)$$

$$= \sqrt{\left(\frac{1}{2}a+b\right)\left(-\frac{1}{2}a+b\right)\frac{1}{2}a \cdot \frac{1}{2}a}$$

$$= \frac{a}{4}\sqrt{2ab-a^2+4b^2-2ab} = \frac{a}{4}\sqrt{4b^2-a^2}$$

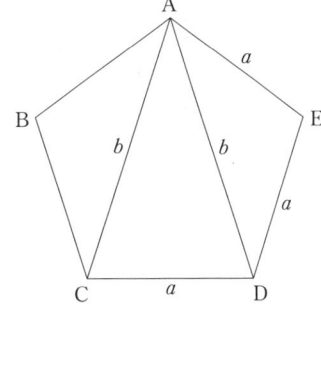

同様に

$$\triangle \mathrm{ADE} = \frac{b}{4}\sqrt{4a^2-b^2}$$

ここで $\dfrac{\triangle \mathrm{ACD}}{\triangle \mathrm{ADE}} = \dfrac{\frac{1}{2}\mathrm{AC}\cdot\mathrm{AD}\sin A}{\frac{1}{2}\mathrm{AD}\cdot\mathrm{AE}\sin A} = \dfrac{\frac{1}{2}b^2\sin 36°}{\frac{1}{2}ab\sin 36°} = \dfrac{b}{a}$

$\therefore \quad \dfrac{a}{4}\sqrt{4b^2-a^2} : \dfrac{b}{4}\sqrt{4a^2-b^2} = b : a$

従って $\quad \dfrac{a^2}{4}\sqrt{4b^2-a^2} = \dfrac{b^2}{4}\sqrt{4a^2-b^2}$

$$a^4(4b^2-a^2) = b^4(4a^2-b^2)$$

整理して a^6 で割ると

$$\left(\frac{b}{a}\right)^6 - 4\left(\frac{b}{a}\right)^4 + 4\left(\frac{b}{a}\right)^2 - 1 = 0$$

$\dfrac{b}{a} = x$ とおくと

$$x^6 - 4x^4 + 4x^2 - 1 = 0$$

$(x^6-1)-4x^2(x^2-1)=0$

$(x^2-1)(x^4+x^2+1)-4x^2(x^2-1)=0$

$(x^2-1)(x^4+x^2+1-4x^2)=0$

$x^2 \neq 1$ より

$x^4-3x^2+1=0$

よって

$x^2 = \dfrac{3+\sqrt{5}}{2}$ （$x>1$ より）

$x = \sqrt{\dfrac{3+\sqrt{5}}{2}} = \sqrt{\dfrac{6+2\sqrt{5}}{4}} = \sqrt{\dfrac{(\sqrt{5}+\sqrt{1})^2}{2}} = \dfrac{1+\sqrt{5}}{2}$

121 三角形の面積（ヘロンの公式）(2)

一辺の長さが a, b, b の鈍角黄金三角形の面積 S は

$s = \dfrac{1}{2}$(三辺の長さの合計) $= \dfrac{1}{2}a+b$ として

$S = \sqrt{\left(\dfrac{1}{2}a+b\right)\left(\dfrac{1}{2}a+b-a\right)\left(\dfrac{1}{2}a+b-b\right)\left(\dfrac{1}{2}a+b-b\right)}$

$= \sqrt{\left(\dfrac{1}{2}a+b\right)\left(-\dfrac{a}{2}+b\right)\cdot\left(\dfrac{1}{2}a\right)^2} = \dfrac{a}{4}\sqrt{4b^2-a^2}$

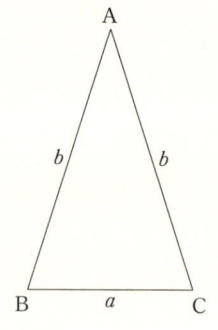

また $S = \dfrac{1}{2}b^2 \sin 36°$ で

$\sin 36° = \sqrt{1-\cos^2 36°} = \sqrt{1-\left(\dfrac{1+\sqrt{5}}{4}\right)^2} = \dfrac{\sqrt{10-2\sqrt{5}}}{4}$ より

$\dfrac{1}{2}b^2 \cdot \dfrac{\sqrt{10-2\sqrt{5}}}{4} = \dfrac{a}{4}\sqrt{4b^2-a^2}$

両辺を2乗して

$$\frac{b^4}{4}(10-2\sqrt{5}) = a^2(4b^2-a^2)$$

∴ $4\left(\dfrac{a}{b}\right)^4 - 16\left(\dfrac{a}{b}\right)^2 + (10-2\sqrt{5}) = 0$

よって $\left(\dfrac{a}{b}\right)^2 = \dfrac{5+\sqrt{5}}{2},\ \dfrac{3-\sqrt{5}}{2}$

ここで $\dfrac{a}{b} < 1$ より $\left(\dfrac{a}{b}\right)^2 = \dfrac{3-\sqrt{5}}{2}$ が適し $\dfrac{a}{b} = \sqrt{\dfrac{3-\sqrt{5}}{2}} = \dfrac{\sqrt{5}-1}{2}$

よって $\dfrac{b}{a} = \dfrac{2}{\sqrt{5}-1} = \dfrac{1+\sqrt{5}}{2}$

第6章
図形の面積

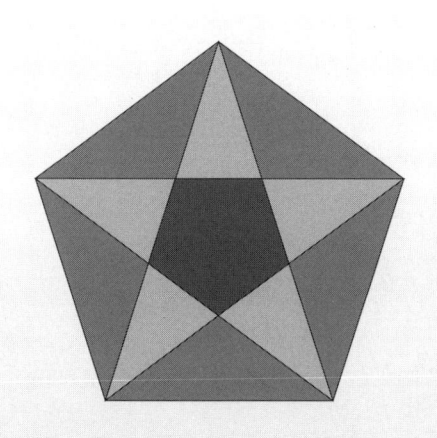

122 ひし形の面積(1)

ABCDE は正五角形である。

ひし形 $FCDE = \triangle FCE + \triangle DEC$

∴ $FE \cdot FC \sin F = \dfrac{1}{2} FC \cdot EC \sin C$

$\qquad\qquad\qquad + \dfrac{1}{2} EC \cdot CD \sin C$

$a^2 \sin 108° = \dfrac{1}{2} ab \sin 36° + \dfrac{1}{2} ba \sin 36°$

よって

$\quad a \sin 108° = b \sin 36°$

$\dfrac{b}{a} = \dfrac{\sin 108°}{\sin 36°} = \dfrac{3 \sin 36° - 4 \sin^3 36°}{\sin 36°} = 3 - 4 \sin^2 36°$

ここで右図より $\cos 36° = \dfrac{\frac{b}{2}}{a} = \dfrac{b}{2a}$

$\sin 36° = \sqrt{1 - \cos^2 36°}$

$\qquad\quad = \sqrt{1 - \left(\dfrac{b}{2a}\right)^2}$

$\qquad\quad = \dfrac{\sqrt{4a^2 - b^2}}{2a}$ より

△FCE は鈍角黄金三角形。

$\dfrac{b}{a} = 3 - 4\left(\dfrac{\sqrt{4a^2 - b^2}}{2a}\right)^2 = 3 - 4 \cdot \dfrac{4a^2 - b^2}{4a^2} = \dfrac{b^2 - a^2}{a^2}$

よって $b^2 - ab - a^2 = 0$ 即ち $\dfrac{b}{a} = \dfrac{1 + \sqrt{5}}{2}$

123 ひし形の面積(2)

正五角形 HBDEF の一辺の長さは a，対角線の長さは b とする。

右図で AJ ∥ BF，AC ∥ HD とする。

ひし形 ACEJ $= \text{AC} \cdot \text{CE} \sin C = b^2 \sin 72°$

また

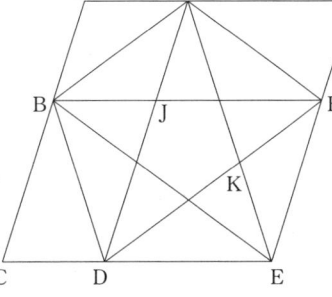

ひし形 ACEJ $=$ 台形 BDFH $\times 2$

$= ($ひし形 BDKH $+ \triangle$HKF$) \times 2$

$= \left(\text{BH} \cdot \text{HK} \sin H + \dfrac{1}{2} \text{HF} \cdot \text{KF} \sin F \right) \times 2$

$= \left(a^2 \sin 72° + \dfrac{1}{2} a \cdot \dfrac{a^2}{b} \sin 72° \right) \times 2$

$\left(\begin{array}{l} \triangle\text{HDE} \backsim \triangle\text{HKF} \quad \text{より} \quad \text{HD} : \text{DE} = \text{HK} : \text{KF} \\ \text{即ち} \quad b : a = a : \text{KF} \quad \therefore \quad \text{KF} = \dfrac{a^2}{b} \end{array} \right)$

$= 2a^2 \sin 72° + \dfrac{a^3}{b} \sin 72°$

よって

$\quad b^2 \sin 72° = 2a^2 \sin 72° + \dfrac{a^3}{b} \sin 72°$

$\therefore \quad b^2 = 2a^2 + \dfrac{a^3}{b}$

$\quad b^3 - 2a^2 b - a^3 = 0$

$\quad (b+a)(b^2 - ab - a^2) = 0$

$\quad \dfrac{b}{a} = \dfrac{1+\sqrt{5}}{2}$

124 平行四辺形の面積(1)

AB ∥ FC とする。平行四辺形 ABDE ＝
平行四辺形 ABCF ＋ ひし形 FCDE
よって
　　AE・ED sin 72° ＝ AF・FC sin 72°
　　　　　　　　　　＋ FE・ED sin 72°
即ち　　AE・ED ＝ AF・FC ＋ FE・ED
ここで　△ABC ∽ △GCD
つまり　AB : BC ＝ GC : CD
　　　　　a : BC ＝ b : a
∴　BC ＝ $\dfrac{a^2}{b}$ ＝ AF

従って　上の式は

$b \cdot a = \dfrac{a^2}{b} \cdot a + a^2$

よって　$b^2 - ab - a^2 = 0$　より　$\dfrac{b}{a} = \dfrac{1+\sqrt{5}}{2}$　である。

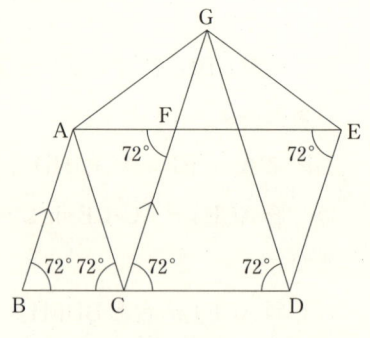

正五角形の一辺の長さを a, 対角線の長さを b とする。

125 平行四辺形の面積(2)

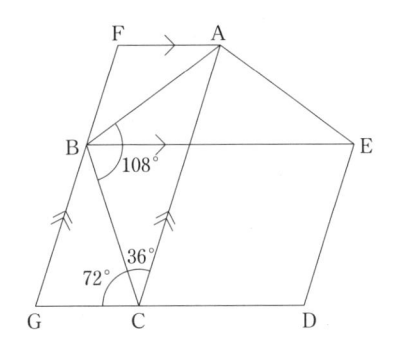

正五角形 ABCDE の一辺は a, 対角線は b で, FA ∥ BE, FG ∥ AC とする。

平行四辺形 FGCA
$= \text{GC} \cdot \text{AC} \sin 108°$
$= (\text{GD} - \text{CD}) \text{AC} \sin 108°$
$= (b-a) b \sin 108°$

平行四辺形 $\text{FGCA} = 2 \times \triangle \text{ABC} = 2 \times \dfrac{1}{2} \text{AB} \cdot \text{BC} \sin 108° = a^2 \sin 108°$

以上より $(b-a) b \sin 108° = a^2 \sin 108°$

∴ $(b-a) b = a^2$

$b^2 - ab - a^2 = 0$

よって $\dfrac{b}{a} = \dfrac{1+\sqrt{5}}{2}$

126 台形の面積(1)

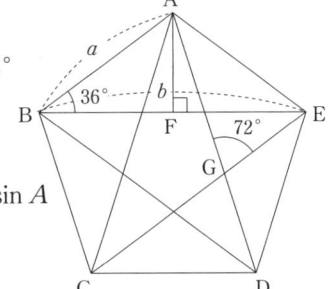

台形 $\text{ACDE} = \dfrac{1}{2} \text{AD} \cdot \text{CE} \sin 72° = \dfrac{1}{2} b^2 \sin 72°$

台形 $\text{ACDE} = \triangle \text{ACD} + \triangle \text{ADE}$

$= \dfrac{1}{2} \text{AC} \cdot \text{AD} \sin A + \dfrac{1}{2} \text{AD} \cdot \text{AE} \sin A$

$= \dfrac{1}{2} b^2 \sin 36° + \dfrac{1}{2} ab \sin 36°$

従って　$\dfrac{1}{2}b^2 \sin 72° = \dfrac{1}{2}b^2 \sin 36° + \dfrac{1}{2}ab \sin 36°$

　　$2b \sin 36° \cos 36° = b \sin 36° + a \sin 36°$

∴　$2b \cos 36° = a+b$　より　$\cos 36° = \dfrac{a+b}{2b}$

次に　△ABF において

$$\cos 36° = \dfrac{\text{BF}}{\text{AB}} = \dfrac{\dfrac{b}{2}}{a} = \dfrac{b}{2a}$$

∴　$\dfrac{a+b}{2b} = \dfrac{b}{2a}$

即ち　$b^2 - ab - a^2 = 0$　となって，結局　$\dfrac{b}{a} = \dfrac{1+\sqrt{5}}{2}$

127 台形の面積(2)

正五角形に含まれる台形 ABCD の面積 S について

$S = \triangle\text{ABF} + \triangle\text{BDF} + \triangle\text{BCD}$

$ = \dfrac{1}{2}\text{AB}\cdot\text{BF}\sin 36° + \dfrac{1}{2}\text{BF}\cdot\text{BD}\sin 36°$

$ + \dfrac{1}{2}\text{BC}\cdot\text{BD}\sin 36°$

$ = \dfrac{1}{2}a^2 \sin 36° + \dfrac{1}{2}ab \sin 36° + \dfrac{1}{2}ab \sin 36° = \dfrac{\sin 36°}{2}(a^2 + 2ab)$

$S = \triangle\text{ABC} + \triangle\text{ACD} = \dfrac{1}{2}\text{AB}\cdot\text{AC}\sin 36° + \dfrac{1}{2}\text{AC}\cdot\text{AD}\sin 36°$

$ = \dfrac{1}{2}ab \sin 36° + \dfrac{1}{2}b^2 \sin 36° = \dfrac{\sin 36°}{2}(ab + b^2)$

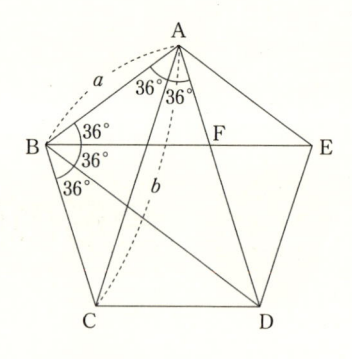

即ち　$\dfrac{\sin 36°}{2}(a^2+2ab) = \dfrac{\sin 36°}{2}(ab+b^2)$

よって　$a^2+2ab = ab+b^2$

∴　$b^2-ab-a^2 = 0$　より　$\dfrac{b}{a} = \dfrac{1+\sqrt{5}}{2}$

128 台形の面積(3)

台形 ABDE $= \triangle$ ABE $+ \triangle$ EBD

$= \dfrac{1}{2}$ EA・EB $\sin E$

$+ \dfrac{1}{2}$ EB・ED $\sin E$

$= \dfrac{1}{2}b^2 \sin 36° + \dfrac{1}{2}ab \sin 36°$

$= \dfrac{1}{2}\sin 36°(b^2+ab)$

また台形 ABDE $= \triangle$ ACE $- \triangle$ BCD

$= \dfrac{1}{2}$ CA・CE $\sin C - \dfrac{1}{2}$ CB・CD $\sin C$

$= \dfrac{1}{2}(b+a)^2 \sin 36° - \dfrac{1}{2}b^2 \sin 36°$

$= \dfrac{1}{2}\sin 36°\{(a+b)^2-b^2\}$

$= \dfrac{1}{2}\sin 36°(a^2+2ab)$

以上により　$b^2+ab = a^2+2ab$

∴　$b^2-ab-a^2 = 0$

$\dfrac{b}{a} = \dfrac{1+\sqrt{5}}{2}$

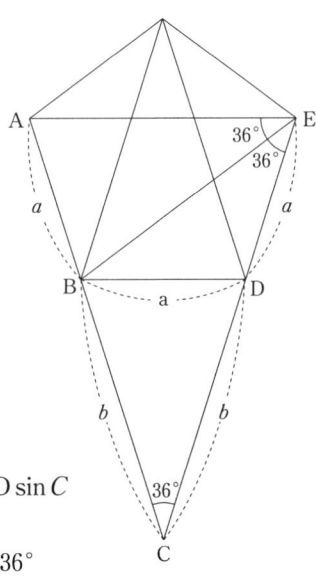

正五角形の一辺の長さ a, 対角線の長さ b

129 台形の面積(4)

正五角形の一辺の長さを1,
対角線の長さを x とする。

台形 BCDE $= \triangle$BCE $+ \triangle$ECD

$\qquad = \dfrac{1}{2}$EB$\cdot$EC $\sin E + \dfrac{1}{2}$EC$\cdot$ED $\sin E$

$\qquad = \dfrac{1}{2}x^2 \sin 36° + \dfrac{1}{2}x \sin 36°$

$\qquad = \dfrac{1}{2} \sin 36° (x^2 + x)$

台形 BCDE $= \triangle$BFE $+ \triangle$BCF $+ \triangle$FCD $+ \triangle$EFD

$\qquad = \dfrac{1}{2}$EB$\cdot$EF $\sin E + \dfrac{1}{2}$BC$\cdot$BF $\sin B + \dfrac{1}{2}$CF$\cdot$CD $\sin C$

$\qquad\quad + \dfrac{1}{2}EF\cdot$ED $\sin E$

$\qquad = \dfrac{1}{2}x \sin 36° + \dfrac{1}{2}\cdot 1 \cdot \sin 36° + \dfrac{1}{2}(x-1) \sin 36° + \dfrac{1}{2}\cdot 1 \cdot \sin 36°$

$\qquad\quad (\because\ \ \text{EF} = \text{BF} = 1,\ \ \text{CF} = x-1)$

$\qquad = \dfrac{1}{2} \sin 36° (x + 1 + x - 1 + 1)$

$\qquad = \dfrac{1}{2} \sin 36° (2x + 1)$

従って $\quad x^2 + x = 2x + 1$

$\therefore\quad x^2 - x - 1 = 0$

よって $\quad x = \dfrac{1 + \sqrt{5}}{2}$

130 正五角形の面積

一辺が1の正五角形の外接円の半径を R とすると，△ABC で正弦定理より

$$\frac{BC}{\sin A} = 2R \quad \text{即ち} \quad \frac{1}{\sin 36°} = 2R$$

よって $R = \dfrac{1}{2\sin 36°}$

ここで対角線 $= x$ とする。

正五角形の面積を S とすると

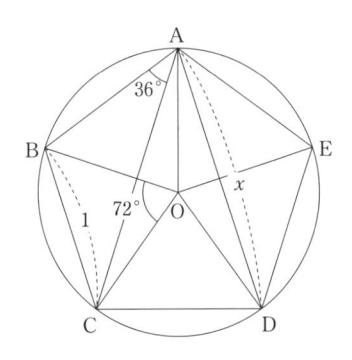

$$S = \triangle OBC \times 5 = \frac{1}{2} OB \cdot OC \sin 72° \times 5 = \frac{1}{2} R^2 \cdot 2\sin 36° \cos 36° \times 5$$

$$= \frac{1}{2}\left(\frac{1}{2\sin 36°}\right)^2 \cdot 2 \cdot \sin 36° \cos 36° \times 5 = \frac{5\cos 36°}{4\sin 36°}$$

$$S = \triangle ABC + \triangle ACD + \triangle ADE = \frac{1}{2} AB \cdot AC \sin A + \frac{1}{2} AC \cdot AD \sin A$$

$$+ \frac{1}{2} AD \cdot AE \sin A$$

$$= \frac{1}{2} x \sin 36° + \frac{1}{2} x^2 \sin 36° + \frac{1}{2} x \sin 36° = \frac{1}{2} x^2 \sin 36° + x \sin 36°$$

従って

$$\frac{5}{4} \frac{\cos 36°}{\sin 36°} = \frac{1}{2} x^2 \sin 36° + x \sin 36°$$

整理して $2x^2 \sin^2 36° + 4x \sin^2 36° - 5\cos 36° = 0$

ここで $\cos 36° = \dfrac{1+\sqrt{5}}{4}$ であり，$\sin^2 36° = 1 - \cos^2 36°$

$= 1 - \left(\dfrac{1+\sqrt{5}}{4}\right)^2 = \dfrac{5-\sqrt{5}}{8}$ なので，これらを代入して

$$2x^2 \cdot \frac{5-\sqrt{5}}{8} + 4x \cdot \frac{5-\sqrt{5}}{8} - 5 \cdot \frac{1+\sqrt{5}}{4} = 0$$

よって　$2x^2+4x-(5+3\sqrt{5})=0$

これを解いて適する答は　$x=\dfrac{1+\sqrt{5}}{2}$

第7章
図形の応用問題

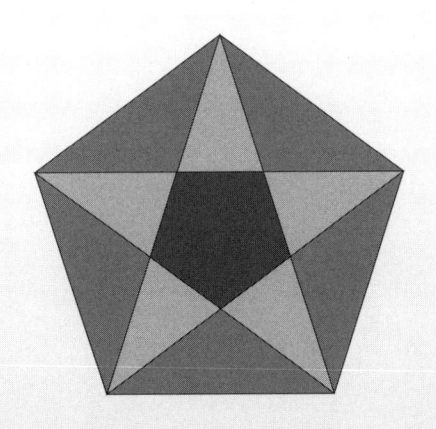

131 三角関数とピタゴラスの定理

$\cos 36° = \dfrac{\mathrm{CG}}{\mathrm{BC}} = \dfrac{\frac{b}{2}}{a} = \dfrac{b}{2a}$ で

半角の公式により

$$\cos^2 18° = \dfrac{1+\cos 36°}{2} = \dfrac{1+\dfrac{b}{2a}}{2} = \dfrac{2a+b}{4a}$$

$\therefore \ \cos 18° = \sqrt{\dfrac{2a+b}{4a}}$

また $\cos 18° = \dfrac{\mathrm{HD}}{\mathrm{AD}} = \dfrac{\mathrm{HD}}{b}$

よって $\mathrm{FD} = 2\mathrm{HD} = 2b \cos 18°$

$\qquad = 2b\sqrt{\dfrac{2a+b}{4a}}$

次に △FCD においてピタゴラスの定理によって

$\qquad \mathrm{CF}^2 = \mathrm{CD}^2 + \mathrm{FD}^2$

即ち $(2b)^2 = a^2 + \left(2b\sqrt{\dfrac{2a+b}{4a}}\right)^2$

$\qquad 4b^2 = a^2 + 4b^2 \dfrac{2a+b}{4a}$

$\therefore \ b^3 - 2ab^2 + a^3 = 0$

$\qquad (b-a)(b^2 - ab - a^2) = 0$

これから $\dfrac{b}{a} = \dfrac{1+\sqrt{5}}{2}$ となる。

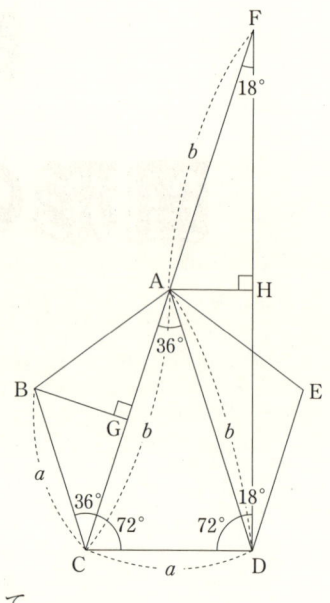

ABCDE は正五角形で
AF = AD = b で, ∠CDF = 90°
である。

132 三角形の相似とピタゴラスの定理(1)

右の正五角形は一辺が a，対角線が b の長さとなっている。

△ABC において $\sin 54° = \dfrac{BC}{AB}$ より

 $\sin 54° = \dfrac{b}{2a}$

次に △BDE ∽ △DGH より

BD：DE = DG：GH 即ち $b : \dfrac{a}{2} = a :$ GH より HG $= \dfrac{a^2}{2b}$，

よって BH = BG − HG $= b - \dfrac{a^2}{2b} = \dfrac{2b^2 - a^2}{2b}$。よって △BDH において

$\sin 54° = \dfrac{BH}{BD}$ 即ち

 $\sin 54° = \dfrac{2b^2 - a^2}{2b^2}$

以上により

$\dfrac{b}{2a} = \dfrac{2b^2 - a^2}{2b^2}$

よって $2ab^2 - a^3 - b^3 = 0$

 $(b - a)(b^2 - ab - a^2) = 0$

従って $\dfrac{b}{a} = \dfrac{1 + \sqrt{5}}{2}$ が適した解である。

133 三角形の相似とピタゴラスの定理(2)

右図でOは正五角形ABCDEの外接円の中心で，半径をRとすると

$\triangle BDE \backsim \triangle OFE$ より

　BE : ED = OE : EF

∴ $b : a = R :$ EF

よって　EF $= \dfrac{aR}{b}$。ここでピタゴラスの定理より

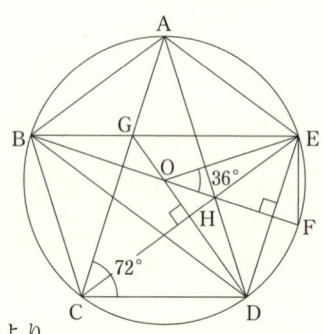

AB = a, AC = b

$BF^2 = BE^2 + EF^2$ より　$(2R)^2 = b^2 + \left(\dfrac{aR}{b}\right)^2$。これより

$a^2 R^2 + b^4 = 4R^2 b^2$, 従って　$R = \dfrac{b^2}{\sqrt{4b^2 - a^2}}$。

次に　$\triangle GCD \backsim \triangle EOD$　（∠GCD = 72°でGC = CD，∠EOD = 72°でOE = OD より）だから OE : ED = CG : GD　即ち　$R : a = a :$ GD　より

GD $= \dfrac{a^2}{R} = \dfrac{a^2}{\dfrac{b^2}{\sqrt{4b^2 - a^2}}} = \dfrac{a^2 \sqrt{4b^2 - a^2}}{b^2}$　従って　GH $= \dfrac{GD}{2} = \dfrac{a^2 \sqrt{4b^2 - a^2}}{2b^2}$

ここで$\triangle GCH$にピタゴラスの定理を適用して $GC^2 = CH^2 + GH^2$ 即ち

$a^2 = \left(\dfrac{b}{2}\right)^2 + \left(\dfrac{a^2 \sqrt{4b^2 - a^2}}{2b^2}\right)^2$

よって　$b^6 - a^6 + 4a^2 b^2 (a^2 - b^2) = 0$

　　　　$(b^2 - a^2)(b^4 + a^2 b^2 + a^4) + 4a^2 b^2 (a^2 - b^2) = 0$

　　　　$a^2 \neq b^2$ より　$b^4 - 3a^2 b^2 + a^4 = 0$

∴　$\dfrac{b^2}{a^2} = \dfrac{3 + \sqrt{5}}{2}$　$\left(\dfrac{b^2}{a^2} > 1\ \text{より}\right)$

　　$\dfrac{b}{a} = \sqrt{\dfrac{3 + \sqrt{5}}{2}} = \sqrt{\dfrac{6 + 2\sqrt{5}}{4}} = \dfrac{1 + \sqrt{5}}{2}$

134 三角形の相似とピタゴラスの定理(3)

右図で

AF = FC = FE で

BC = GE = 1,

AB = x とする。

△ACE においてピタゴラスの定理から

$$AE = \sqrt{AC^2 - CE^2}$$
$$= \sqrt{(x+1)^2 - 1^2}$$
$$= \sqrt{x^2 + 2x}$$

$$FC = \frac{1}{2}AC = \frac{x+1}{2}$$

よって

$$FB = FC - BC = \frac{x+1}{2} - 1 = \frac{x-1}{2}$$

△AEC ∽ △GHF より

　　AC : CE = GF : FH　ここで　$FH = \frac{1}{2}FB = \frac{x-1}{4}$

∴　$(x+1) : 1 = 1 : \dfrac{x-1}{4}$

従って　$(x+1)(x-1) = 4$

　　　　$x^2 = 5$

　∴　$x = \sqrt{5}$

よって　右上の図の鋭角黄金三角形 AJC において

$$\frac{AC}{CJ} = \frac{1+\sqrt{5}}{2}$$

が示された。

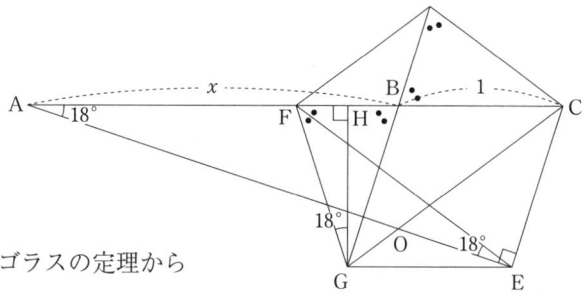

・は 36° を表わす。

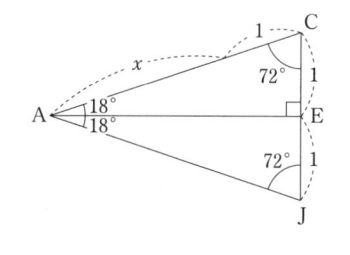

135 三角形の相似と内接円

正五角形 ABCDE の一辺の長さを $2a$, 対角線の長さを b とする。
右図で $FE = GE = a$
△BDE の内接円の半径を r とする。
$BF = b - a$ より
$$BO = \sqrt{(b-a)^2 + r^2}$$
△BOF ∽ △BEG より
$$BO : OF = BE : EG$$
$$\sqrt{(b-a)^2 + r^2} : r = b : a$$
∴ $br = a\sqrt{(b-a)^2 + r^2}$
$b^2 r^2 = a^2(b-a)^2 + a^2 r^2$
$r^2(b^2 - a^2) = a^2(b-a)^2$
$r^2(b+a) = a^2(b-a)$
$$r^2 = a^2 \frac{b-a}{b+a} \quad \text{より} \quad r = a\sqrt{\frac{b-a}{b+a}}$$

次に $OE = \sqrt{OG^2 + GE^2} = \sqrt{r^2 + a^2} = \sqrt{\left(a\sqrt{\frac{b-a}{b+a}}\right)^2 + a^2}$
$$= a\sqrt{\frac{b-a}{b+a} + 1} = a\sqrt{\frac{2b}{b+a}}$$

よって △OEG より
$$\cos 36° = \frac{EG}{OE} = \frac{a}{a\sqrt{\frac{2b}{b+a}}} = \sqrt{\frac{b+a}{2b}}$$

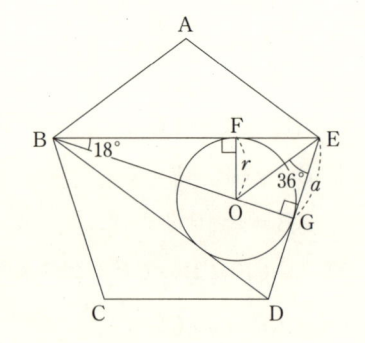

△EBG において

$$\sin 18° = \frac{\mathrm{EG}}{\mathrm{BE}} = \frac{a}{b}$$

倍角の公式より

$$\cos 36° = 1 - 2\sin^2 18°$$

に各々の式を代入して

$$\sqrt{\frac{b+a}{2b}} = 1 - 2\left(\frac{a}{b}\right)^2 = \frac{b^2 - 2a^2}{b^2}$$

$$\therefore \quad b^2\sqrt{b+a} = (b^2 - 2a^2)\sqrt{2b}$$

両辺を平方して

$$b^4(b+a) = (b^2 - 2a^2)^2 \, 2b$$

よって

$$b^4 - ab^3 - 8a^2b^2 + 8a^4 = 0$$

ここで $\dfrac{b}{a} = x$ に置きかえて

$$x^4 - x^3 - 8x^2 + 8 = 0$$

$$(x-1)(x+2)(x^2 - 2x - 4) = 0$$

適するのは $x = 1 + \sqrt{5}$ なので

正五角形の $\dfrac{\text{対角線}}{\text{一辺}} = \dfrac{x}{2} = \dfrac{1+\sqrt{5}}{2}$

136 余弦定理と三角形の内接円

正五角形 ABCDE の一辺の長さが 2，対角線の長さが $x+1$ で，鋭角黄金三角形 BDE には半径 r の円が内接している。

$$\mathrm{BH} = \sqrt{\mathrm{BE}^2 - \mathrm{EH}^2} = \sqrt{(x+1)^2 - 1^2} = \sqrt{x^2 + 2x}$$

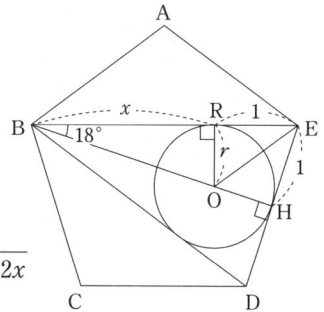

△BRO∽△BHE より

　BR：RO＝BH：HE

∴　$x : r = \sqrt{x^2+2x} : 1$

よって　$r = \dfrac{x}{\sqrt{x^2+2x}}$

△ABE において余弦定理により

　$AE^2 = AB^2 + BE^2 - 2AB \cdot BE \cos B$

　$2^2 = 2^2 + (x+1)^2 - 2 \cdot 2 \cdot (x+1) \cos 36°$

従って　$\cos 36° = \dfrac{x+1}{4}$

また △ROE において

$\cos 36° = \dfrac{RE}{OE} = \dfrac{1}{\sqrt{r^2+1}} = \dfrac{1}{\sqrt{\left(\dfrac{x}{\sqrt{x^2+2x}}\right)^2+1}} = \dfrac{1}{\sqrt{\dfrac{x^2}{x^2+2x}+1}}$

$= \dfrac{\sqrt{x^2+2x}}{\sqrt{2x^2+2x}} = \dfrac{\sqrt{x}}{\sqrt{x}} \dfrac{\sqrt{x+2}}{\sqrt{2x+2}} = \dfrac{\sqrt{x+2}}{\sqrt{2x+2}}$

以上により　$\dfrac{x+1}{4} = \dfrac{\sqrt{x+2}}{\sqrt{2x+2}}$，即ち　$(x+1)\sqrt{2x+2} = 4\sqrt{x+2}$

両辺を 2 乗して整理すると

　$x^3 + 3x^2 - 5x - 15 = 0$

∴　$(x+3)(x^2-5) = 0$　より　$x = \sqrt{5}$

よって　対角線 $BE = 1+\sqrt{5}$ で，一辺の長さが 2 の正五角形であるのでその比は　$\dfrac{1+\sqrt{5}}{2}$ である。

137 外接円と正弦定理

正五角形 ABCDF の一辺を a, 対角線を b とし, また外接円の半径を R とすると
$$FE = \sqrt{BE^2 - BF^2} = \sqrt{(2R)^2 - b^2}$$
$$= \sqrt{4R^2 - b^2}$$

△FOE ∽ △FBD より

OF : FE = BF : FD

$R : \sqrt{4R^2 - b^2} = b : a$

∴ $b\sqrt{4R^2 - b^2} = aR$

$b^2(4R^2 - b^2) = a^2 R^2$

∴ $R^2 = \dfrac{b^4}{4b^2 - a^2}$ より $R = \dfrac{b^2}{\sqrt{4b^2 - a^2}}$

△ABF において正弦法則より

$\dfrac{AF}{\sin B} = 2R$ ∴ $R = \dfrac{AF}{2\sin B}$

△ABH において $AH = \sqrt{AB^2 - BH^2} = \sqrt{a^2 - \left(\dfrac{b}{2}\right)^2} = \dfrac{\sqrt{4a^2 - b^2}}{2}$

∴ $\sin B = \dfrac{AH}{AB} = \dfrac{\sqrt{4a^2 - b^2}}{2a}$

また AF = a より 結局 $R = \dfrac{a}{2\dfrac{\sqrt{4a^2-b^2}}{2a}} = \dfrac{a^2}{\sqrt{4a^2-b^2}}$

以上によって, R について

$$\dfrac{b^2}{\sqrt{4b^2 - a^2}} = \dfrac{a^2}{\sqrt{4a^2 - b^2}}$$

よって $b^4(4a^2 - b^2) = a^4(4b^2 - a^2)$

∴ $(b^6 - a^6) - (4a^2 b^4 - 4a^4 b^2) = 0$

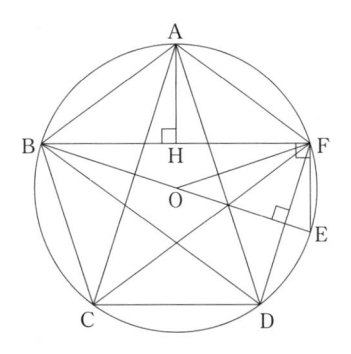

$$(b^2-a^2)(b^4+a^2b^2+a^4)-4a^2b^2(b^2-a^2)=0$$

$b^2 \neq a^2$ より $b^4-3a^2b^2+a^4=0$

$$\frac{b^2}{a^2}=\frac{3+\sqrt{5}}{2} \quad \left(\frac{b^2}{a^2}>1 \quad \text{より}\right)$$

$$\therefore \quad \frac{b}{a}=\sqrt{\frac{3+\sqrt{5}}{2}}=\sqrt{\frac{6+2\sqrt{5}}{4}}=\sqrt{\frac{(\sqrt{5}+\sqrt{1})^2}{4}}=\frac{1+\sqrt{5}}{2}$$

138 外接円と方べきの定理

正五角形 ABCDE の一辺は a, 対角線は b の長さであり, ACHD は一辺が b のひし形である。AG は正五角形の外接円の直径（$=d$）とする。

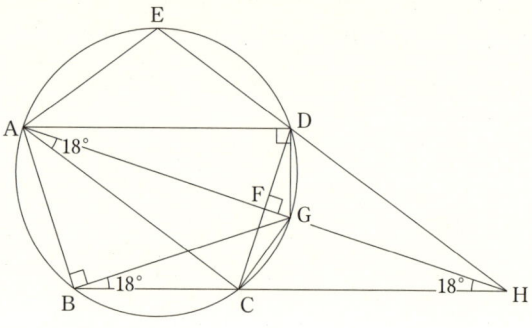

ここで $BG=\sqrt{AG^2-AB^2}=\sqrt{d^2-a^2}=GH$ ($\because \angle GBH = \angle BHG = 18°$)

方べきの定理により $HA \cdot HG = HE \cdot HD$ であるので

$$(\sqrt{d^2-a^2}+d)\sqrt{d^2-a^2}=(a+b)b^{※}$$

($\because HA = HG+GA = \sqrt{d^2-a^2}+d$)

また, $\triangle DFG \sim \triangle ADG$ より $DF:DG = AD:AG$, つまり

$$\frac{a}{2}:\sqrt{d^2-b^2}=b:d$$

よって $d^2=\dfrac{4b^4}{4b^2-a^2}$ が得られるので,

結局 $HA = \sqrt{\dfrac{4b^4}{4b^2-a^2}-a^2}+\sqrt{\dfrac{4b^4}{4b^2-a^2}}$, $HG = \sqrt{\dfrac{4b^4}{4b^2-a^2}-a^2}$

などにより元の式※は，次のようになる．

$$\left(\sqrt{\frac{4b^4}{4b^2-a^2}-a^2}+\sqrt{\frac{4b^4}{4b^2-a^2}}\right)\sqrt{\frac{4b^4}{4b^2-a^2}-a^2}=(a+b)b$$

$$\frac{2b^2(2b^2-a^2)}{4b^2-a^2}+\frac{(2b^2-a^2)^2}{4b^2-a^2}=ab+b^2$$

$$\frac{a^4+8b^4-6a^2b^2}{4b^2-a^2}=ab+b^2$$

$\therefore \quad a^4+8b^4-6a^2b^2=(ab+b^2)(4b^2-a^2)$

$$1+4\left(\frac{b}{a}\right)^4-5\left(\frac{b}{a}\right)^2-4\left(\frac{b}{a}\right)^3+\frac{b}{a}=0$$

$\dfrac{b}{a}=x$ とおくと

$\quad 4x^4-4x^3-5x^2+x+1=0$

$\quad (4x^4-4x^3-4x^2)-(x^2-x-1)=0$

$\quad 4x^2(x^2-x-1)-(x^2-x-1)=0$

$\quad (4x^2-1)(x^2-x-1)=0$

$x>1$ より

$\quad x=\dfrac{1+\sqrt{5}}{2}$

第8章
x-y 座標系

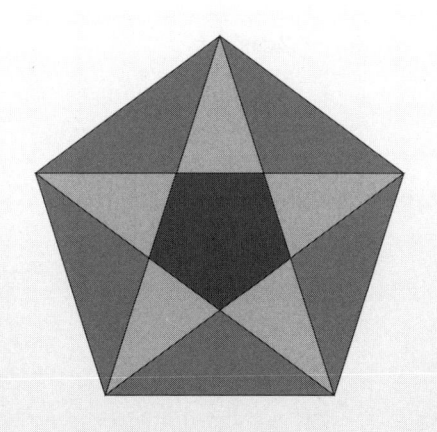

139 x-y 座標と単位円

正五角形 ABCDE は半径 1 の円に内接しており，ここで右図のように座標を定めることとする．

$$\frac{\mathrm{BE}}{\mathrm{CD}} = \frac{2\mathrm{BG}}{2\mathrm{CF}} = \frac{\mathrm{BG}}{\mathrm{CF}}$$

$$= \frac{\sin\frac{2}{5}\pi}{\sin\frac{4}{5}\pi}$$

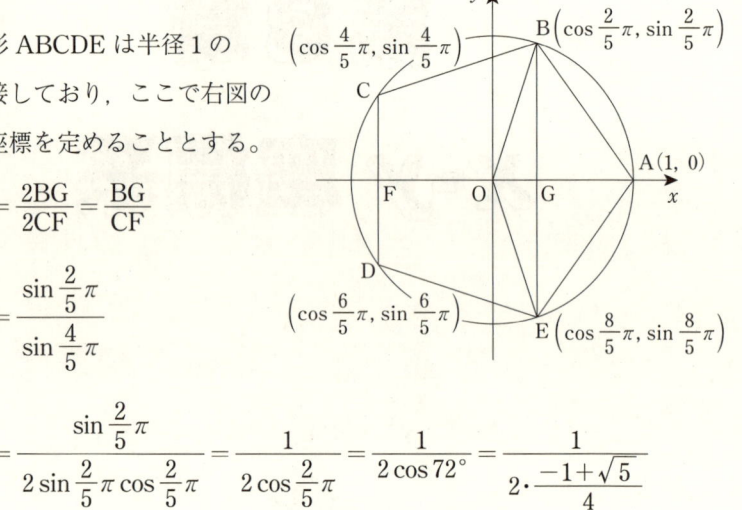

$$= \frac{\sin\frac{2}{5}\pi}{2\sin\frac{2}{5}\pi\cos\frac{2}{5}\pi} = \frac{1}{2\cos\frac{2}{5}\pi} = \frac{1}{2\cos 72°} = \frac{1}{2 \cdot \frac{-1+\sqrt{5}}{4}}$$

$$= \frac{1+\sqrt{5}}{2}$$

$$\left(\because \quad \cos 72° = 2\cos^2 36° - 1 = 2 \cdot \left(\frac{1+\sqrt{5}}{4}\right)^2 - 1 = \frac{-1+\sqrt{5}}{4}\right)$$

140 x-y 座標と外接円(1)

正五角形の外接円の中心 O を原点とする座標において,外接円の半径を R とすると

$BE = 2FE = 2\cos 18°\cdot OE = 2\cos 18° R$

$CD = 2GD = 2\cos 54°\cdot OD = 2\cos 54° R$

よって $\dfrac{BE}{CD} = \dfrac{2\cos 18°\cdot R}{2\cos 54°\cdot R} = \dfrac{\cos 18°}{\cos 54°}$

$= \dfrac{\cos 18°}{4\cos^3 18° - 3\cos 18°}$

$= \dfrac{1}{4\cos^2 18° - 3}$

ここで $\cos^2 18° = \dfrac{1+\cos 36°}{2} = \dfrac{1+\dfrac{1+\sqrt{5}}{4}}{2} = \dfrac{5+\sqrt{5}}{8}$ を使うと

$\dfrac{BE}{CD} = \dfrac{1}{4\cdot\dfrac{5+\sqrt{5}}{8} - 3} = \dfrac{1+\sqrt{5}}{2}$

141 x-y 座標と外接円(2)

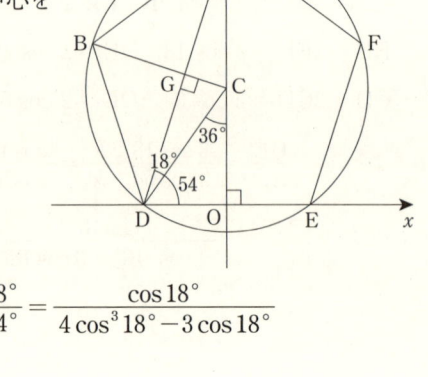

右図のように正五角形の一辺が x 軸上にあるような座標を考える。外接円の中心を C とし，またその半径を R とする。

$AD = 2GD = 2\cos 18°\cdot CD$
$\quad\quad = 2\cos 18°\cdot R$

$DE = 2DO = 2\cos 54°\cdot CD$
$\quad\quad = 2\cos 54°\cdot R$

よって $\dfrac{AD}{DE} = \dfrac{2\cos 18°\cdot R}{2\cos 54°\cdot R} = \dfrac{\cos 18°}{\cos 54°} = \dfrac{\cos 18°}{4\cos^3 18° - 3\cos 18°}$

$\quad\quad\quad\quad = \dfrac{1}{4\cos^2 18° - 3}$

ここで $\cos^2 18° = \dfrac{1+\cos 36°}{2} = \dfrac{1+\dfrac{1+\sqrt{5}}{4}}{2} = \dfrac{5+\sqrt{5}}{8}$ より

$\dfrac{AD}{DE} = \dfrac{1}{4\cdot\dfrac{5+\sqrt{5}}{8} - 3} = \dfrac{1+\sqrt{5}}{2}$

142　$x\text{-}y$ 座標における2点間の距離(1)

△AOB は鈍角黄金三角形で，OB = 1 とする。OB を正五角形の一辺の長さとすると AB は対角線の長さである。

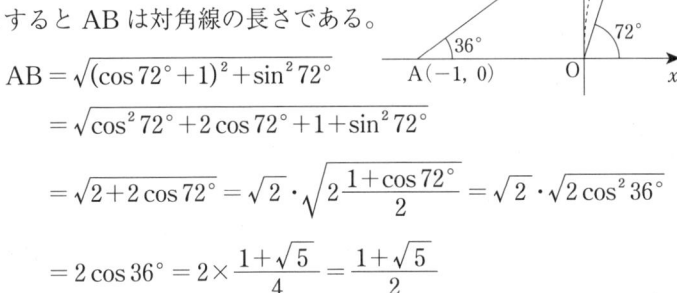

$$AB = \sqrt{(\cos 72°+1)^2 + \sin^2 72°}$$
$$= \sqrt{\cos^2 72° + 2\cos 72° + 1 + \sin^2 72°}$$
$$= \sqrt{2 + 2\cos 72°} = \sqrt{2} \cdot \sqrt{2\frac{1+\cos 72°}{2}} = \sqrt{2} \cdot \sqrt{2\cos^2 36°}$$
$$= 2\cos 36° = 2 \times \frac{1+\sqrt{5}}{4} = \frac{1+\sqrt{5}}{2}$$

143　$x\text{-}y$ 座標における2点間の距離(2)

図において $AB = \sqrt{AC^2 + BC^2} = \sqrt{b^2 + (a+1)^2}$
$= \sqrt{b^2 + a^2 + 2a + 1} = \sqrt{2+2a}$　（∵ $a^2 + b^2 = 1$）

AO = BO = 1 であり，$\dfrac{AB}{AO} = AB$，よって ここで AB の値を求める。

$$\sin 36° = \frac{AC}{AB} = \frac{b}{\sqrt{2+2a}}$$

$$\sin 18° = \frac{OC}{AO} = a, \quad \cos 18° = \frac{AC}{AO} = b$$

2倍角の公式により　$\sin 36° = 2\sin 18° \cdot \cos 18°$ だから

$$\frac{b}{\sqrt{2+2a}} = 2ab \quad \therefore \quad \frac{1}{\sqrt{2+2a}} = 2a$$

ここで 求めたい $\sqrt{2+2a} = x$ とおくと $2a = x^2-2$ なので，上の式は

$$\frac{1}{x} = x^2 - 2$$

$\therefore \quad x^3 - 2x - 1 = 0$

$\quad (x+1)(x^2-x-1) = 0$

よって $\quad x = \dfrac{1+\sqrt{5}}{2}$

144 x-y 座標における2点間の距離(3)

原点，A $(1+\cos 72°,\ \sin 72°)$ および座標 $(1, 0)$ の3点を結ぶ三角形は鈍角黄金三角形である。

$OA^2 = OH^2 + AH^2$ より

$OA = \sqrt{OH^2 + AH^2}$

$\quad = \sqrt{(1+\cos 72°)^2 + \sin^2 72°}$

$\quad = \sqrt{1 + 2\cos 72° + \cos^2 72° + \sin^2 72°} = \sqrt{2 + 2\cos 72°}$

$\quad = \sqrt{2}\sqrt{2 \cdot \dfrac{1+\cos 72°}{2}} = 2\sqrt{\cos^2 36°} = 2\cos 36° = 2 \cdot \dfrac{1+\sqrt{5}}{4}$

$\quad = \dfrac{1+\sqrt{5}}{2}$

145 x-y 座標における2点間の距離(4)

右図で △AOB は鈍角黄金三角形である。

B は $(a\cos\alpha,\ a\sin\alpha)$ で表わされ，また A は
$(a\cos\alpha + a\cos(\alpha+72°),\ a\sin\alpha + a\sin(\alpha+72°))$
で表わされる。

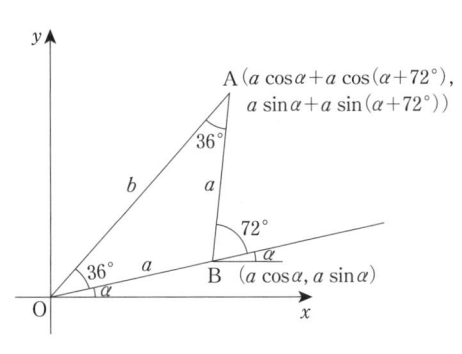

$$AO = b = \sqrt{a^2(\cos\alpha + \cos(\alpha+72°))^2 + a^2(\sin\alpha + \sin(\alpha+72°))^2}$$
$$= a\sqrt{\cos^2\alpha + 2\cos\alpha\cos(\alpha+72°) + \cos^2(\alpha+72°) + \sin^2\alpha + 2\sin\alpha\sin(\alpha+72°) + \sin^2(\alpha+72°)}$$
$$= a\sqrt{(\cos^2\alpha + \sin^2\alpha) + (\cos^2(\alpha+72°) + \sin^2(\alpha+72°)) + 2(\cos\alpha\cos(\alpha+72°) + \sin\alpha\sin(\alpha+72°))}$$
$$= a\sqrt{2 + 2\cos(\alpha-\alpha-72°)} = \sqrt{2}\,a\sqrt{1+\cos 72°} = \sqrt{2}\,a\sqrt{2\cos^2 36°}$$
$$= 2a\cos 36°$$

∴ $\dfrac{b}{a} = 2\cos 36° = 2 \times \dfrac{1+\sqrt{5}}{4} = \dfrac{1+\sqrt{5}}{2}$

146 x-y 座標における2点間の距離(5)

右図で △AOB は鋭角黄金三角形である。

B は $(b\cos\alpha,\ b\sin\alpha)$ で表わされ、また A は

$(b\cos\alpha+a\cos(\alpha+108°),\ b\sin\alpha+a\sin(\alpha+108°))$

で表わされる。

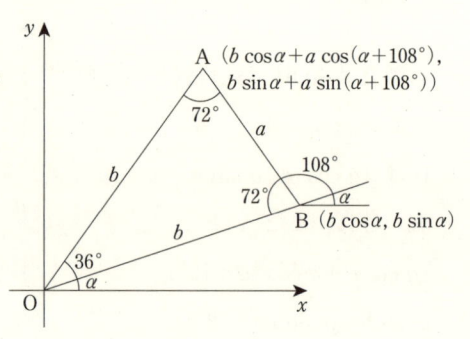

$$AO = b = \sqrt{(b\cos\alpha+a\cos(\alpha+108°))^2+(b\sin\alpha+a\sin(\alpha+108°))^2}$$

$$= \sqrt{b^2\cos^2\alpha+2ab\cos\alpha\cos(\alpha+108°)+a^2\cos^2(\alpha+108°)+b^2\sin^2\alpha+2ab\sin\alpha\sin(\alpha+108°)+a^2\sin^2(\alpha+108°)}$$

$$= \sqrt{b^2(\cos^2\alpha+\sin^2\alpha)+2ab(\cos\alpha\cos(\alpha+108°)+\sin\alpha\sin(\alpha+108°))+a^2(\cos^2(\alpha+108°)+\sin^2(\alpha+108°))}$$

$$= \sqrt{b^2+a^2+2ab\cos(\alpha-\alpha-108°)} = \sqrt{b^2+a^2+2ab\cos108°}$$

よって $b^2 = b^2+a^2+2ab\cos108°$ より

$a+2b\cos108° = 0$

∴ $\dfrac{b}{a} = -\dfrac{1}{2\cos108°} = \dfrac{1}{2\cos72°}$

ここで $\cos72° = 2\cos^2 36°-1 = 2\left(\dfrac{1+\sqrt{5}}{4}\right)^2-1 = \dfrac{\sqrt{5}-1}{4}$ より

$$\dfrac{b}{a} = -\dfrac{1}{2\cdot\dfrac{\sqrt{5}-1}{4}} = \dfrac{2}{\sqrt{5}-1} = \dfrac{1+\sqrt{5}}{2}$$

(参考) △AOB に余弦定理を使って $b^2 = b^2+a^2-2ab\cos72°$ から

$\dfrac{b}{a} = \dfrac{1}{2\cos72°}$

147　x-y 座標における 2 点間の距離(6)

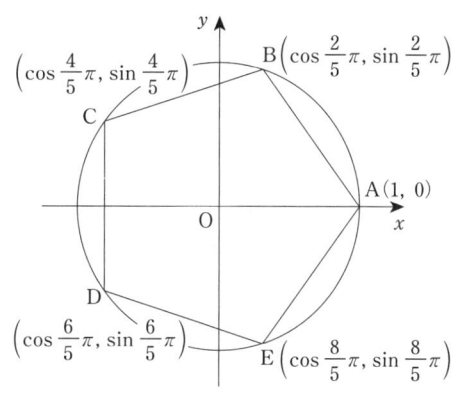

図：単位円上の5点
- $A(1, 0)$
- $B\left(\cos\dfrac{2}{5}\pi, \sin\dfrac{2}{5}\pi\right)$
- $C\left(\cos\dfrac{4}{5}\pi, \sin\dfrac{4}{5}\pi\right)$
- $D\left(\cos\dfrac{6}{5}\pi, \sin\dfrac{6}{5}\pi\right)$
- $E\left(\cos\dfrac{8}{5}\pi, \sin\dfrac{8}{5}\pi\right)$

$$BD = \sqrt{\left(\cos\dfrac{6}{5}\pi - \cos\dfrac{2}{5}\pi\right)^2 + \left(\sin\dfrac{6}{5}\pi - \sin\dfrac{2}{5}\pi\right)^2}$$

$$= \sqrt{\cos^2\dfrac{6}{5}\pi - 2\cos\dfrac{6}{5}\pi\cos\dfrac{2}{5}\pi + \cos^2\dfrac{2}{5}\pi + \sin^2\dfrac{6}{5}\pi - 2\sin\dfrac{6}{5}\pi\sin\dfrac{2}{5}\pi + \sin^2\dfrac{2}{5}\pi}$$

$$= \sqrt{2 - 2\cos\dfrac{6}{5}\pi\cos\dfrac{2}{5}\pi - 2\sin\dfrac{6}{5}\pi\sin\dfrac{2}{5}\pi}$$

$$= \sqrt{2}\sqrt{1 - \cos\dfrac{6}{5}\pi\cos\dfrac{2}{5}\pi - \sin\dfrac{6}{5}\pi\sin\dfrac{2}{5}\pi}$$

$$= \sqrt{2}\sqrt{1 - \dfrac{1}{2}\left(\cos\dfrac{8}{5}\pi + \cos\dfrac{4}{5}\pi\right) + \dfrac{1}{2}\left(\cos\dfrac{8}{5}\pi - \cos\dfrac{4}{5}\pi\right)}$$

$$= \sqrt{2}\sqrt{1 - \cos\dfrac{4}{5}\pi} = \sqrt{2}\sqrt{2\dfrac{1 - \cos\dfrac{4}{5}\pi}{2}} = 2\sqrt{\sin^2\dfrac{2}{5}\pi} = 2\sin\dfrac{2}{5}\pi$$

$$BC = \sqrt{\left(\cos\dfrac{4}{5}\pi - \cos\dfrac{2}{5}\pi\right)^2 + \left(\sin\dfrac{4}{5}\pi - \sin\dfrac{2}{5}\pi\right)^2}$$

$$= \sqrt{\cos^2\dfrac{4}{5}\pi - 2\cos\dfrac{4}{5}\pi\cos\dfrac{2}{5}\pi + \cos^2\dfrac{2}{5}\pi + \sin^2\dfrac{4}{5}\pi}$$

$$\sqrt{-2\sin\frac{4}{5}\pi\sin\frac{2}{5}\pi+\sin^{2}\frac{2}{5}\pi}$$

$$=\sqrt{2-2\cos\frac{4}{5}\pi\cos\frac{2}{5}\pi-2\sin\frac{4}{5}\pi\sin\frac{2}{5}\pi}$$

$$=\sqrt{2}\sqrt{1-\cos\frac{4}{5}\pi\cos\frac{2}{5}\pi-\sin\frac{4}{5}\pi\sin\frac{2}{5}\pi}$$

$$=\sqrt{2}\sqrt{1-\frac{1}{2}\left(\cos\frac{6}{5}\pi+\cos\frac{2}{5}\pi\right)+\frac{1}{2}\left(\cos\frac{6}{5}\pi-\cos\frac{2}{5}\pi\right)}$$

$$=\sqrt{2}\sqrt{1-\cos\frac{2}{5}\pi}=\sqrt{2}\sqrt{2\cdot\frac{1-\cos\frac{2}{5}\pi}{2}}=2\sqrt{\sin^{2}\frac{1}{5}\pi}=2\sin\frac{\pi}{5}$$

よって

$$\frac{\text{BD}}{\text{BC}}=\frac{2\sin\frac{2}{5}\pi}{2\sin\frac{\pi}{5}}=\frac{2\sin\frac{\pi}{5}\cos\frac{\pi}{5}}{\sin\frac{\pi}{5}}=2\cos\frac{\pi}{5}=2\cos 36°$$

$$=2\times\frac{1+\sqrt{5}}{4}=\frac{1+\sqrt{5}}{2}$$

第9章
図形と方程式

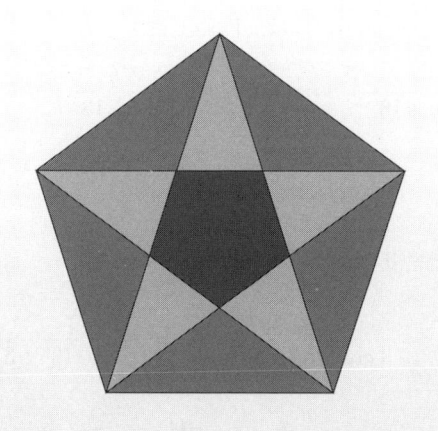

148 図形と方程式(1)

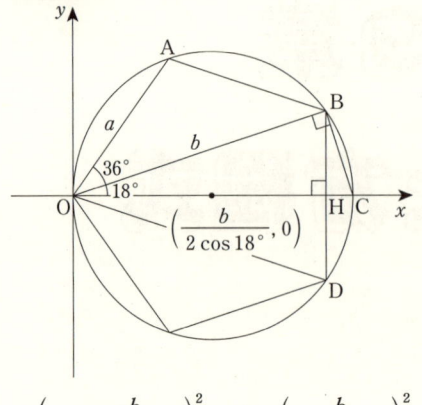

一辺が a，対角線が b の長さの正五角形の外接円が原点で y 軸に接している。円の半径を r とすると $\triangle\text{BOC}$ において $\cos 18° = \dfrac{\text{OB}}{\text{OC}} = \dfrac{b}{2r}$ よって $r = \dfrac{b}{2\cos 18°}$

従って円の方程式は

$$\left(x - \dfrac{b}{2\cos 18°}\right)^2 + y^2 = \left(\dfrac{b}{2\cos 18°}\right)^2$$

次に $\text{A}(a\cos 54°, a\sin 54°)$ は，円周上にあるので

$$\left(a\cos 54° - \dfrac{b}{2\cos 18°}\right)^2 + (a\sin 54°)^2 = \left(\dfrac{b}{2\cos 18°}\right)^2$$

より $a^2\cos^2 54° - 2ab\dfrac{\cos 54°}{2\cos 18°} + \left(\dfrac{b}{2\cos 18°}\right)^2 + a^2\sin^2 54° = \left(\dfrac{b}{2\cos 18°}\right)^2$

∴ $a - \dfrac{b\cos 54°}{\cos 18°} = 0$ より $a\cos 18° = b\cos 54°$

$$\dfrac{b}{a} = \dfrac{\cos 18°}{\cos 54°} = \dfrac{\cos 18°}{4\cos^3 18° - 3\cos 18°} = \dfrac{1}{4\cos^2 18° - 3}$$

ここで $\triangle\text{OBH}$ において $\sin 18° = \dfrac{\text{BH}}{\text{OB}} = \dfrac{\frac{a}{2}}{b} = \dfrac{a}{2b}$ より

$\cos^2 18° = 1 - \left(\dfrac{a}{2b}\right)^2 = 1 - \dfrac{a^2}{4b^2}$ であるので，結局

$$\dfrac{b}{a} = \dfrac{1}{4\left(1 - \dfrac{a^2}{4b^2}\right) - 3} = \dfrac{b^2}{b^2 - a^2}$$

よって $\dfrac{1}{a} = \dfrac{b}{b^2 - a^2}$ 即ち $b^2 - ab - a^2 = 0$ となって $\dfrac{b}{a} = \dfrac{1 + \sqrt{5}}{2}$

149 図形と方程式(2)

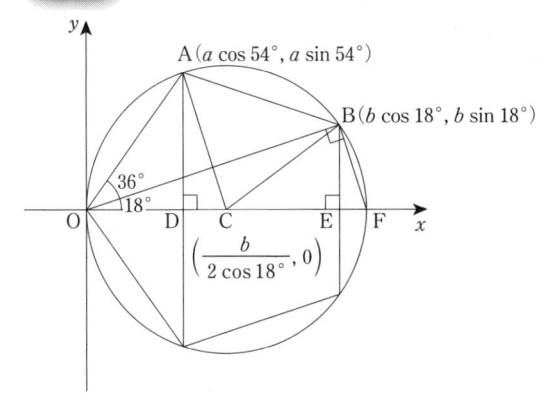

一辺が a, 対角線が b の長さの正五角形の外接円が原点で y 軸に接している。

円の半径を r とすると △BOF において $\cos 18° = \dfrac{OB}{OF} = \dfrac{b}{2r}$

よって $r = \dfrac{b}{2\cos 18°}$ すなわち 円の中心の座標 C は $\left(\dfrac{b}{2\cos 18°}, 0\right)$ となる。

また, このとき $CA^2 = CB^2$ となるので

$$\left(a\cos 54° - \dfrac{b}{2\cos 18°}\right)^2 + (a\sin 54°)^2 = \left(b\cos 18° - \dfrac{b}{2\cos 18°}\right)^2 + (b\sin 18°)^2$$

従って

$$a^2\cos^2 54° - ab\dfrac{\cos 54°}{\cos 18°} + \dfrac{b^2}{4\cos^2 18°} + a^2\sin^2 54°$$

$$= b^2\cos^2 18° - b^2 + \dfrac{b^2}{4\cos^2 18°} + b^2\sin^2 18°$$

∴ $a - b\dfrac{\cos 54°}{\cos 18°} = 0$ から

$$\dfrac{b}{a} = \dfrac{\cos 18°}{\cos 54°} = \dfrac{\cos 18°}{4\cos^3 18° - 3\cos 18°} = \dfrac{1}{4\cos^2 18° - 3}$$

ここで △OBE において $\sin 18° = \dfrac{BE}{OB} = \dfrac{\frac{a}{2}}{b} = \dfrac{a}{2b}$ より

$\cos^2 18° = 1 - \left(\dfrac{a}{2b}\right)^2 = 1 - \dfrac{a^2}{4b^2}$ であるので，結局

$\dfrac{b}{a} = \dfrac{1}{4\left(1 - \dfrac{a^2}{4b^2}\right) - 3} = \dfrac{b^2}{b^2 - a^2}$ よって $\dfrac{1}{a} = \dfrac{b}{b^2 - a^2}$ 即ち

$b^2 - ab - a^2 = 0$ となって $\dfrac{b}{a} = \dfrac{1 + \sqrt{5}}{2}$

150 図形と方程式(3)

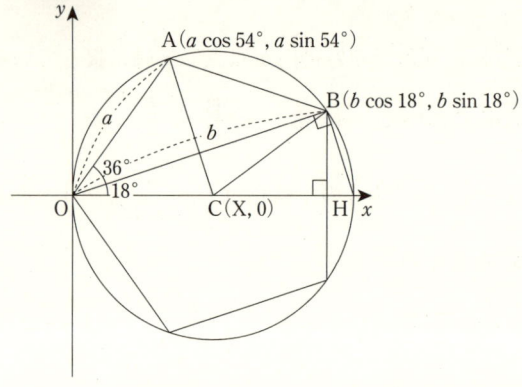

一辺が a，対角線が b の長さの正五角形の外接円が原点で y 軸に接している。
円の中心を C(X, 0) とすると OC = AC = BC で
まず OC = AC より

$\quad X = \sqrt{(X - a\cos 54°)^2 + (a \sin 54°)^2}$
$\quad X^2 = X^2 - 2aX \cos 54° + a^2 \cos^2 54° + a^2 \sin^2 54°$

∴ $a^2 = 2aX \cos 54°$ より $2X = \dfrac{a}{\cos 54°}$

次に OC = BC より

$\quad X = \sqrt{(X - b\cos 18°)^2 + (b \sin 18°)^2}$
$\quad X^2 = X^2 - 2bX \cos 18° + b^2 \cos^2 18° + b^2 \sin^2 18°$

∴ $b^2 = 2b\text{X}\cos 18°$ より $2\text{X} = \dfrac{a}{\cos 18°}$

よって $\dfrac{a}{\cos 54°} = \dfrac{b}{\cos 18°}$ から

$$\dfrac{b}{a} = \dfrac{\cos 18°}{\cos 54°} = \dfrac{\cos 18°}{4\cos^3 18° - 3\cos 18°} = \dfrac{1}{4\cos^2 18° - 3}$$

ここで △OBH において $\sin 18° = \dfrac{\text{BH}}{\text{OB}} = \dfrac{\frac{a}{2}}{b} = \dfrac{a}{2b}$ より

$\cos^2 18° = 1 - \left(\dfrac{a}{2b}\right)^2 = 1 - \dfrac{a^2}{4b^2}$ であるので,結局

$$\dfrac{b}{a} = \dfrac{1}{4\left(1 - \dfrac{a^2}{4b^2}\right) - 3} = \dfrac{b^2}{b^2 - a^2}$$

従って $\dfrac{1}{a} = \dfrac{b}{b^2 - a^2}$ 即ち $b^2 - ab - a^2 = 0$ より $\dfrac{b}{a} = \dfrac{1 + \sqrt{5}}{2}$

第10章
ベクトル

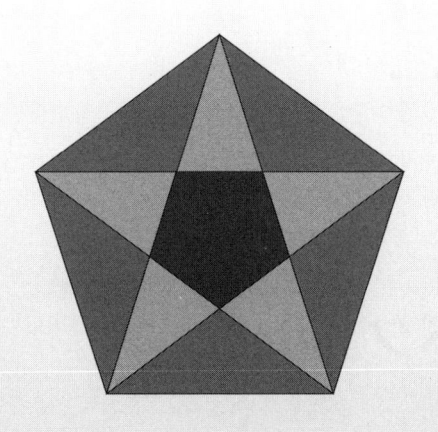

151 ベクトル(1)

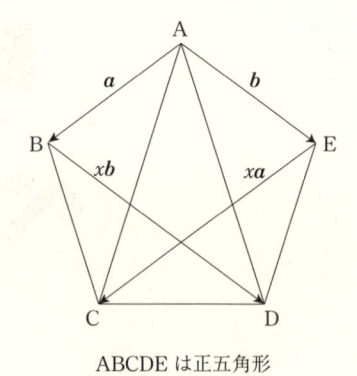

ベクトル $\vec{AB}=a$, $\vec{AE}=b$ とおくと,
$\vec{EC}=xa$, $\vec{BD}=xb$ と書ける。
このとき $\vec{AC}=\vec{AE}+\vec{EC}=b+xa$
$\vec{AD}=\vec{AB}+\vec{BD}=a+xb$,
次に $\vec{ED}=\vec{AD}-\vec{AE}=a+xb-b$
また $\vec{ED}=\dfrac{1}{x}\vec{AC}=\dfrac{1}{x}b+a$

と表わされるので 結局 $\vec{ED}$ について

$$a+xb-b=\dfrac{1}{x}b+a$$

$\therefore\ xb-b-\dfrac{1}{x}b=0$

即ち $x-1-\dfrac{1}{x}=0$ より $x^2-x-1=0$ から $x=\dfrac{1+\sqrt{5}}{2}$ が得られる。

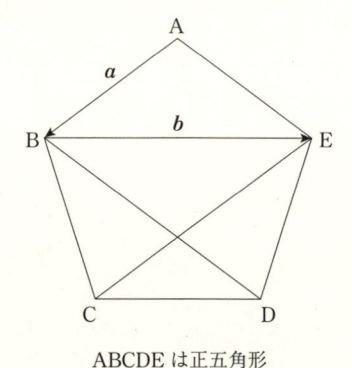

ABCDE は正五角形

152 ベクトル(2)

$\vec{AB}=a$, $\vec{BE}=b$ とおくと,
$\vec{BD}=x\vec{AE}=x(a+b)$
$\vec{EC}=xa$
$\vec{ED}=\vec{BD}-\vec{BE}=x(a+b)-b$
$\vec{CD}=\vec{ED}-\vec{EC}$
$\quad\quad=x(a+b)-b-xa$

ABCDE は正五角形

$= x\bm{b} - \bm{b}$

また $\overrightarrow{\mathrm{CD}} = \dfrac{1}{x}\mathrm{BE} = \dfrac{1}{x}\bm{b}$

などと表わすことができる。 結局

$$\dfrac{1}{x}\bm{b} = x\bm{b} - \bm{b}$$

となり

$$\left(\dfrac{1}{x} - x + 1\right)\bm{b} = \bm{0}$$

∴ $\dfrac{1}{x} - x + 1 = 0$

$x^2 - x - 1 = 0$

よって $x = \dfrac{1+\sqrt{5}}{2}$

153 ベクトル(3)

右図において AB = AC で △ABC は鋭角黄金三角形とする。
また $\overrightarrow{\mathrm{BA}} = \vec{b}$, $\overrightarrow{\mathrm{BC}} = \vec{a}$ で表わす。
まず $|\vec{b} - \vec{a}| = |\vec{b}|$
∴ $|\vec{b} - \vec{a}|^2 = |\vec{b}|^2$
$|\vec{b}|^2 - 2\vec{a}\cdot\vec{b} + |\vec{a}|^2 = |\vec{b}|^2$ より
$|\vec{a}|^2 = 2\vec{a}\cdot\vec{b}$ ……………①

次に $\dfrac{\vec{a}\cdot\vec{b}}{|\vec{a}||\vec{b}|} = \cos 72° = 2\cos^2 36° - 1 = 2\left(\dfrac{1+\sqrt{5}}{4}\right)^2 - 1 = \dfrac{\sqrt{5}-1}{4}$

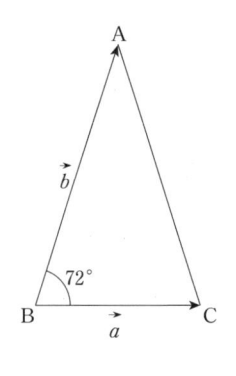

$$\therefore \vec{a} \cdot \vec{b} = \frac{\sqrt{5}-1}{4} |\vec{a}||\vec{b}| \cdots\cdots\cdots ②$$

これより

$$\frac{|\vec{b}|^2}{|\vec{a}|^2} = \frac{|\vec{b}|^2}{2\vec{a} \cdot \vec{b}} = \frac{|\vec{b}|^2}{\frac{\sqrt{5}-1}{2}|\vec{a}||\vec{b}|} = \frac{|\vec{b}|}{\frac{\sqrt{5}-1}{2}|\vec{a}|}$$

よって $\dfrac{|\vec{b}|}{|\vec{a}|} = \dfrac{2}{\sqrt{5}-1} = \dfrac{1+\sqrt{5}}{2}$

即ち $\dfrac{\mathrm{AB}}{\mathrm{BC}} = \dfrac{1+\sqrt{5}}{2}$

154 ベクトル(4)

$|\vec{a}|=|\vec{b}|$ の条件の下で $\dfrac{|-\vec{a}+\vec{b}|}{|\vec{a}|}$ を求める。

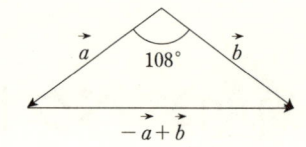

$$\frac{|-\vec{a}+\vec{b}|^2}{|\vec{a}|^2} = \frac{|\vec{a}|^2 - 2\vec{a} \cdot \vec{b} + |\vec{b}|^2}{|\vec{a}|^2} = \frac{2|\vec{a}|^2 - 2\vec{a} \cdot \vec{b}}{|\vec{a}|^2} = 2 - 2\frac{\vec{a} \cdot \vec{b}}{|\vec{a}||\vec{b}|}$$

$$= 2 - 2\cos 108° = 2 + 2\cos 72° = 4 \cdot \frac{1+\cos 72°}{2} = 4\cos^2 36°$$

よって

$$\frac{|-\vec{a}+\vec{b}|}{|\vec{a}|} = 2\cos 36° = 2 \cdot \frac{1+\sqrt{5}}{4} = \frac{1+\sqrt{5}}{2}$$

155 ベクトル(5)

正五角形 ABCDE において，右図のとおりベクトルを定める。

ここで $|\vec{a}|=|\vec{b}|=|\vec{x}|$ である。

$\vec{y}=\vec{b}-\vec{a}$ より

$|\vec{y}|^2 = |\vec{b}|^2 - 2\vec{a}\cdot\vec{b} + |\vec{a}|^2$

$= 2|\vec{a}|^2 - 2|\vec{a}||\vec{b}|\cos 144°$

$= 2|\vec{a}|^2 + 2|\vec{a}|^2 \cos 36°$

$= 2|\vec{a}|^2 + 2|\vec{a}|^2 \cdot \dfrac{1+\sqrt{5}}{4}$

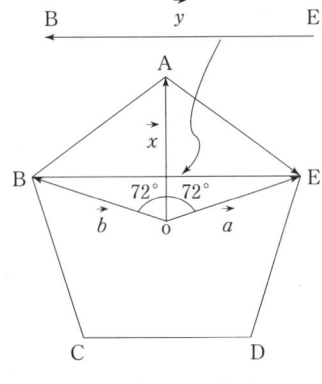

$= \dfrac{5+\sqrt{5}}{2}|\vec{a}|^2$

ABCDE は正五角形

$|\overrightarrow{AE}| = |\vec{a}-\vec{x}|^2 = |\vec{a}|^2 + |\vec{x}|^2 - 2|\vec{a}||\vec{x}|\cos 72° = 2|\vec{a}|^2 - 2|\vec{a}|^2 \cdot \dfrac{-1+\sqrt{5}}{4}$

$= \dfrac{5-\sqrt{5}}{2}|\vec{a}|^2$

$\left(\cos 72° = 2\cos^2 36° - 1 = 2\left(\dfrac{1+\sqrt{5}}{4}\right)^2 - 1 = \dfrac{-1+\sqrt{5}}{4}\right)$

よって

$\dfrac{|\vec{y}|^2}{|\vec{a}-\vec{x}|^2} = \dfrac{\dfrac{5+\sqrt{5}}{2}|\vec{a}|^2}{\dfrac{5-\sqrt{5}}{2}|\vec{a}|^2} = \dfrac{5+\sqrt{5}}{5-\sqrt{5}} = \dfrac{3+\sqrt{5}}{2}$

$\dfrac{|\vec{y}|}{|\vec{a}-\vec{x}|} = \sqrt{\dfrac{3+\sqrt{5}}{2}} = \sqrt{\dfrac{6+2\sqrt{5}}{4}} = \dfrac{1+\sqrt{5}}{2}$

第11章
無限等比級数

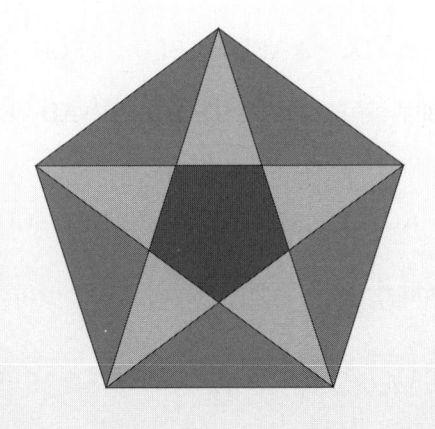

156 無限等比級数(1)

$AB = BC = b$, $AC = a$ の
鋭角黄金三角形 ABC を 順次
△ADC, △AED, △EFD……の
鋭角または鈍角黄金三角形に分割
する。すると，$AD = a$
また $EA : AD = DA : AB$ で

・は 36° を表わす。

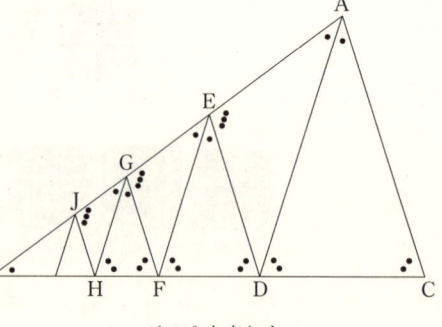

$EA : a = a : b$ より $EA = \dfrac{a^2}{b} = ED = EF$

同様にして $EG = \dfrac{a^3}{b^2} = GF = GH$, $GJ = \dfrac{a^4}{b^3} = JH$ などとなる。

ここで △ABC = △ADC + △AED + △EFD + △EGF + △GHF + …… より

$\dfrac{1}{2} AB \cdot BC \sin 36° = \dfrac{1}{2} \sin 36°$ $(AD \cdot AC + AE \cdot AD + EF \cdot ED + EG \cdot EF$
$+ GH \cdot GF + \cdots\cdots,$

$AB \cdot AC = AD \cdot AC + AE \cdot AD + EF \cdot ED + EG \cdot EF + GH \cdot GF + \cdots\cdots$

$b^2 = a^2 + \dfrac{a^2}{b} \cdot a + \left(\dfrac{a^2}{b}\right)^2 + \left(\dfrac{a^2}{b}\right)\dfrac{a^3}{b^2} + \left(\dfrac{a^3}{b^2}\right)^2 + \cdots\cdots$

$= a^2 \left(1 + \dfrac{a}{b} + \left(\dfrac{a}{b}\right)^2 + \left(\dfrac{a}{b}\right)^3 + \left(\dfrac{a}{b}\right)^4 + \cdots\cdots\right)$

$= a^2 \left(\dfrac{1}{1 - \dfrac{a}{b}}\right) = \dfrac{a^2 b}{b - a}$ $\left(\because\ 0 < \dfrac{a}{b} < 1\right)$

よって $b = \dfrac{a^2}{b - a}$

$b^2 - ab - a^2 = 0$

従って $\dfrac{a}{b} = \dfrac{1 + \sqrt{5}}{2}$

157 無限等比級数(2)

$\triangle EAB \infty \triangle DEC$

$\therefore \quad EA : AB = DE : EC$

$\qquad b : a = a : EC$

よって $EC = \dfrac{a^2}{b}$

次に $\triangle ECD \infty \triangle GEF$ であり

$EC : CD = GE : EF$

ここで $EF = EC$ より

$\dfrac{a^2}{b} : a = GE : \dfrac{a^2}{b}$

$\therefore \quad GE = \dfrac{a^3}{b^2}$

同様にして

$JG = \dfrac{a^4}{b^3}, \quad LJ = \dfrac{a^5}{b^4} \cdots\cdots$

ここで $\triangle PCD \equiv \triangle EAB$ より $PC = b$

次に $PC = EC + GE + JG + LJ + \cdots\cdots$

$\qquad = \dfrac{a^2}{b} + \dfrac{a^3}{b^2} + \dfrac{a^4}{b^3} + \dfrac{a^5}{b^4} + \cdots\cdots$

$\qquad = \dfrac{a^2}{b}\left(\dfrac{1}{1-\dfrac{a}{b}}\right) = \dfrac{a^2 b}{b^2 - ab} \quad \left(\because \quad 0 < \dfrac{a}{b} < 1\right)$

よって $b = \dfrac{a^2 b}{b^2 - ab}$

$\therefore \quad b^2 - ab - a^2 = 0$ より $\dfrac{b}{a} = \dfrac{1 + \sqrt{5}}{2}$

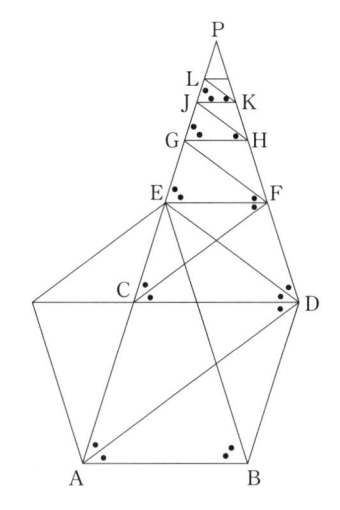

・は 36° を表わす。
正五角形の一辺の長さを a,
対角線の長さを b とする。

158 無限等比級数(3)

$AC = AB = a$, $BC = b$ の
鈍角黄金三角形において
$DC = a$ とすると,
$\triangle DAB \sim \triangle ABC$ より
$DA : AB = AB : BC$
即ち $DA : a = a : b$ より

$DA = \dfrac{a^2}{b}$, 次に $\triangle AED \sim \triangle CAD$ より $AE : ED = CA : AD$ であり

$(AD = AE$ だから$)$, $\dfrac{a^2}{b} : ED = b : a$ から $ED = \dfrac{a^3}{b^2} = FD$

同様にして $FH = \dfrac{a^5}{b^4}$ 以下同じようにすると

$BC = DC + FD + HF + \cdots\cdots$

$= a + \dfrac{a^3}{b^2} + \dfrac{a^5}{b^4} + \dfrac{a^7}{b^6} + \cdots\cdots$

$= a\left(1 + \left(\dfrac{a}{b}\right)^2 + \left(\dfrac{a}{b}\right)^4 + \left(\dfrac{a}{b}\right)^6 + \cdots\cdots\right)$

$= a \cdot \dfrac{1}{1 - \left(\dfrac{a}{b}\right)^2}$ $\left(\because\ 0 < \left(\dfrac{a}{b}\right)^2 < 1\right)$

$= \dfrac{ab^2}{b^2 - a^2} = b$

$\therefore\ \dfrac{ab}{b^2 - a^2} = 1$

$b^2 - ab - a^2 = 0$

よって $\dfrac{a}{b} = \dfrac{1 + \sqrt{5}}{2}$

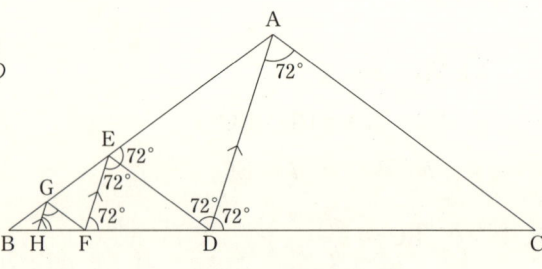

AD ∥ EF ∥ GH

159 無限等比級数(4)

△ABC は鈍角黄金三角形,
△ADC は鋭角黄金三角形で
AC = DC = a, BC = b
とする。

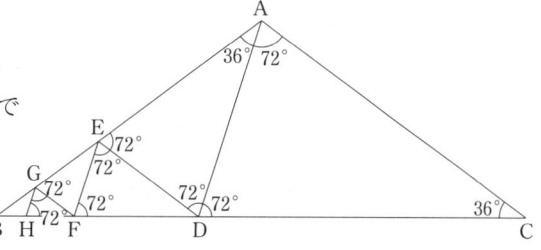

△ADC において

$$\dfrac{\frac{1}{2}\text{AD}}{\text{DC}} = \cos 72° = 2\cos^2 36° - 1 = 2\left(\dfrac{1+\sqrt{5}}{4}\right)^2 - 1 = \dfrac{-1+\sqrt{5}}{4}$$

よって　AD = $\dfrac{-1+\sqrt{5}}{2}$DC = $\dfrac{-1+\sqrt{5}}{2}a$

次に　△ADC∽△EDA より　ED = $\dfrac{-1+\sqrt{5}}{2}$AD = $\left(\dfrac{-1+\sqrt{5}}{2}\right)^2 a$

よって　FD = $\left(\dfrac{-1+\sqrt{5}}{2}\right)^2 a$

同様にして鋭角黄金三角形の辺　HF = $\left(\dfrac{-1+\sqrt{5}}{2}\right)^4 a$

$$\begin{aligned}
\text{CB} &= \text{CD} + \text{DF} + \text{FH} + \cdots\cdots \\
&= a + \left(\dfrac{-1+\sqrt{5}}{2}\right)^2 a + \left(\dfrac{-1+\sqrt{5}}{2}\right)^4 a + \\
&= a \times \left\{1 + \left(\dfrac{-1+\sqrt{5}}{2}\right)^2 + \left(\dfrac{-1+\sqrt{5}}{2}\right)^4 + \cdots\cdots\right\} \\
&= a \times \dfrac{1}{1 - \left(\dfrac{-1+\sqrt{5}}{2}\right)^2} = \dfrac{1+\sqrt{5}}{2} a
\end{aligned}$$

即ち　$b = \dfrac{1+\sqrt{5}}{2}a$　より　$\dfrac{b}{a} = \dfrac{1+\sqrt{5}}{2}$

160 無限等比級数(5)

△ABC は AB＝AC＝a,
BC＝b の鈍角黄金三角形
とする。
△CAE ∞ △ADE ∞
△EDG …… であり
（いずれも鋭角黄金三角形）

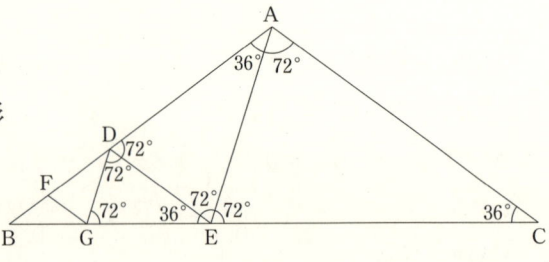

$AC = EC = a$, $AE = AD = AC \times \dfrac{a}{b} = \dfrac{a^2}{b}$, $DE = GE = AE \times \dfrac{a}{b} = \dfrac{a^3}{b^2}$

$DG = DF = DE \times \dfrac{a}{b} = \dfrac{a^4}{b^3}$ ……

ここで

$\triangle ABC = \triangle CAE + \triangle ADE + \triangle EDG + \triangle DFG + \cdots$

$\dfrac{1}{2}ab \sin 36° = \dfrac{1}{2}a^2 \sin 36° + \dfrac{1}{2}\left(\dfrac{a^2}{b}\right)^2 \sin 36° + \dfrac{1}{2}\left(\dfrac{a^3}{b^2}\right)^2 \sin 36°$

$\qquad\qquad\qquad + \dfrac{1}{2}\left(\dfrac{a^4}{b^3}\right)^2 \sin 36° + \cdots$

$\qquad\quad = \dfrac{1}{2}a^2 \sin 36° \left(1 + \left(\dfrac{a}{b}\right)^2 + \left(\dfrac{a}{b}\right)^4 + \left(\dfrac{a}{b}\right)^6 + \cdots \right)$

$\qquad\quad = \dfrac{1}{2}a^2 \sin 36° \cdot \dfrac{1}{1 - \left(\dfrac{a}{b}\right)^2} \quad \left(\because\ 0 < \left(\dfrac{a}{b}\right)^2 < 1 \right)$

$\qquad\quad = \dfrac{a^2 b^2 \sin 36°}{2(b^2 - a^2)}$

よって $1 = \dfrac{ab}{b^2 - a^2}$ より $b^2 - ab - a^2 = 0$ から $\dfrac{b}{a} = \dfrac{1+\sqrt{5}}{2}$ となる。

161 無限等比級数(6)

△ABC は AB ＝ AC ＝ a,
BC ＝ b の鈍角黄金三角形である。
ここで DC ＝ a とする。

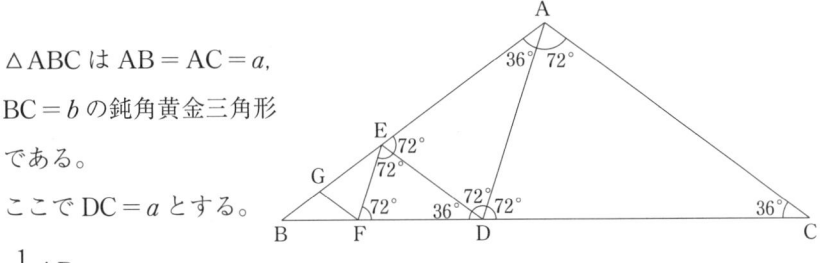

$$\dfrac{\dfrac{1}{2}\text{AD}}{\text{CA}} = \cos 72° = 2\cos^2 36° - 1 = 2\left(\dfrac{1+\sqrt{5}}{4}\right)^2 - 1 = \dfrac{-1+\sqrt{5}}{4}$$

よって　$\text{AD} = \dfrac{-1+\sqrt{5}}{2}a$

次に

$$\triangle \text{ADC} = \dfrac{1}{2}\text{AC}\cdot\text{DC}\sin 36° = \dfrac{1}{2}a^2 \sin 36°$$

$$\triangle \text{AED} = \dfrac{1}{2}\text{AE}\cdot\text{AD}\sin 36° = \dfrac{1}{2}\left(\dfrac{-1+\sqrt{5}}{2}a\right)^2 \sin 36°$$

$$= \dfrac{1}{2}\left(\dfrac{-1+\sqrt{5}}{2}\right)^2 a^2 \sin 36°$$

同様に

$$\triangle \text{DEF} = \dfrac{1}{2}\left(\dfrac{-1+\sqrt{5}}{2}\right)^4 a^2 \sin 36°$$

$\triangle \text{ABC} = \triangle \text{ADC} + \triangle \text{AED} + \triangle \text{DEF} + \triangle \text{EGF} + \cdots\cdots$

$$= \dfrac{1}{2}a^2 \sin 36° + \dfrac{1}{2}\left(\dfrac{-1+\sqrt{5}}{2}\right)^2 a^2 \sin 36°$$

$$+ \dfrac{1}{2}\left(\dfrac{-1+\sqrt{5}}{2}\right)^4 a^2 \sin 36° + \dfrac{1}{2}\left(\dfrac{-1+\sqrt{5}}{2}\right)^6 a^2 \sin 36° + \cdots\cdots$$

$$= \dfrac{1}{2}a^2 \sin 36°\left\{1 + \left(\dfrac{-1+\sqrt{5}}{2}\right)^2 + \left(\dfrac{-1+\sqrt{5}}{2}\right)^4 \right.$$

$$\left. + \left(\dfrac{-1+\sqrt{5}}{2}\right)^6 + \cdots\cdots\right\}$$

$$= \frac{1}{2}a^2 \sin 36° \left\{ 1 \times \frac{1}{1-\left(\frac{-1+\sqrt{5}}{2}\right)^2} \right\} = \frac{1}{2}a^2 \sin 36° \times \frac{1+\sqrt{5}}{2}$$

$$= \frac{1+\sqrt{5}}{4} a^2 \sin 36°$$

よって $\dfrac{BC}{AC} = \dfrac{BC}{DC} = \dfrac{\triangle ABC}{\triangle ADC} = \dfrac{\dfrac{1+\sqrt{5}}{4} a^2 \sin 36°}{\dfrac{1}{2} a^2 \sin 36°} = \dfrac{1+\sqrt{5}}{2}$

第12章
敷き詰め

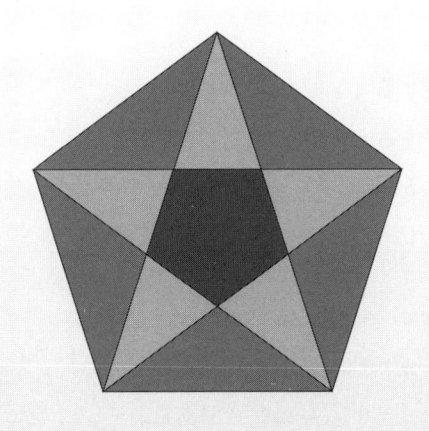

162 敷き詰めタイル

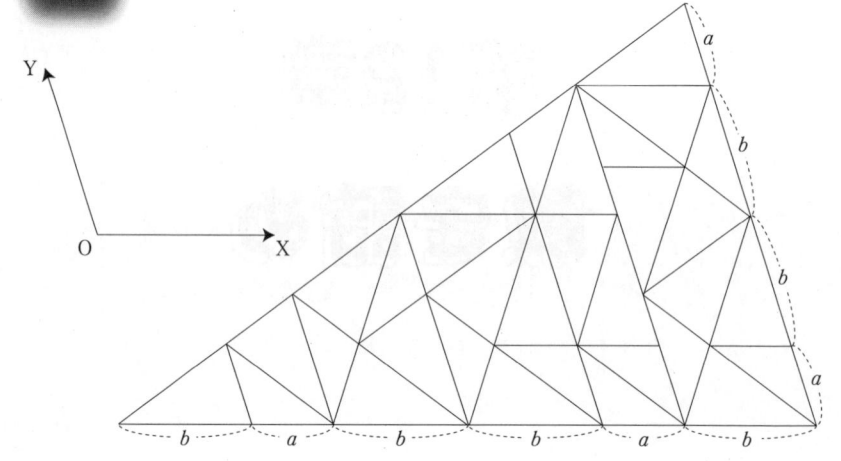

上の図は二つの辺が a, b の鋭角黄金三角形と、鈍角黄金三角形をタイル状に敷き詰めたものである。

X軸方向に a 延長するとY軸方向には $b-a$ 長くなり

Y軸方向に b 延長するとY軸方向には a 長さが増える。

X方向：Y方向は $b:a$ であるので n, m を負でない整数とすると、

$$\frac{a}{b} = \frac{a+na+m(b-a)}{b+nb+ma}$$

$$\therefore \quad a(b+nb+ma) = b\{a+na+m(b-a)\}$$

$$m(b^2-ab-a^2) = 0$$

よって $b^2-ab-a^2 = 0$ （m は任意である。）

$$\therefore \quad \frac{b}{a} = \frac{1+\sqrt{5}}{2}$$

次に k, l を負でない整数として次が成り立つ。

$$\frac{a+na+m(b-a)}{b+nb+ma} = \frac{a+ka+l(b-a)}{b+kb+la}$$

$$\{a+na+m(b-a)\}(b+kb+la) = (b+nb+ma)\{a+ka+l(b-a)\}$$

整理すると

$l(b^2-ab-a^2)+nl(b^2-ab-a^2)-m(b^2-ab-a^2)+mk(b^2-ab-a^2)=0$

従って

$(b^2-ab-a^2)(l+nl-m-mk)=0$

k, l, m, n は任意の負でない整数であるので

$b^2-ab-a^2=0$

よって $\dfrac{b}{a}=\dfrac{1+\sqrt{5}}{2}$

(参考)

右の図において
X, Y の正の方向に順に
敷き詰めると
X 軸方向に a 延長すると
Y 軸方向には b 増加し
X 軸方向に b 延長すると
Y 軸方向には $a+b$ 増加するので

$\dfrac{b}{a}=\dfrac{b+nb+m(a+b)}{a+na+mb}$ $(m,n=0,1,2,3\cdots\cdots)$

これから

$m(b^2-ab-a^2)=0$

よって $b^2-ab-a^2=0$

また

$\dfrac{b+nb+m(a+b)}{a+na+mb}=\dfrac{b+kb+l(a+b)}{a+ka+lb}$

$(m,\ n,\ k,\ l=0,1,2,3\cdots\cdots)$

よって

$(b^2-ab-a^2)(l+nl-m-mk)=0$

従って $b^2-ab-a^2=0$

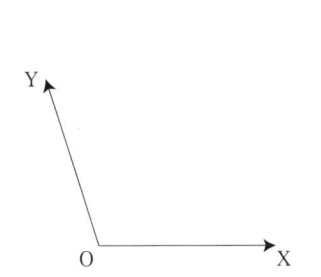

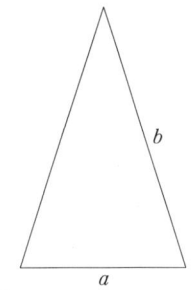

第13章
微分法

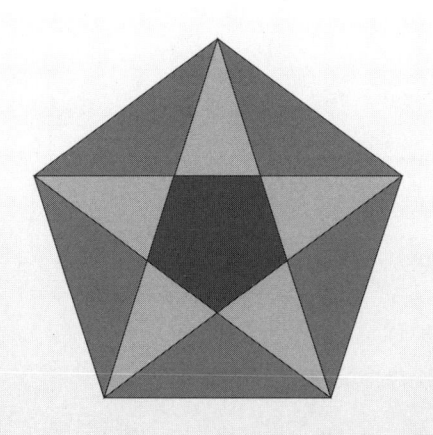

163 接線と微分法(1)

原点Oを中心とした半径Rの円に接し,かつx軸と$72°$, $36°$をなす直線を描き,その接点の座標を求める。

同の方程式は $x^2+y^2=R^2$ で,これをxで微分して $2x+2yy'=0$

よって $y'=-\dfrac{x}{y}$ となり,

A点の座標は

$$\begin{cases} -\dfrac{x}{y}=\tan 72° \cdots\cdots\cdots① \\ x^2+y^2=R^2 \cdots\cdots\cdots\cdots② \end{cases}$$

の連立方程式から求められる。

①の $x=-y\tan 72°$ を②に代入して

$y^2(1+\tan^2 72°)=R^2$

$y^2\dfrac{1}{\cos^2 72°}=R^2$

$\therefore\ y^2=R^2\cos^2 72°$

従って $y=R\cos 72°$

$x^2=R^2-y^2=R^2-R^2\cos^2 72°=R^2(1-\cos^2 72°)=R^2\sin^2 72°$

$x=\pm R\sin 72°$

よって A$(-R\sin 72°,\ R\cos 72°)$

　　　B$(\ R\sin 72°,\ R\cos 72°)$

$\therefore\ $ AB$=2R\sin 72°$

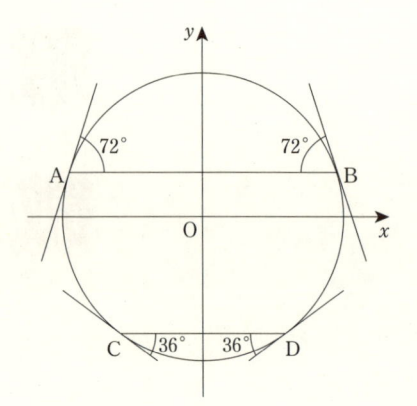

同じ様にして CD$=2R\sin 36°$

次に右図で ∠AOE = 90°−∠OAF
= 90°−18°= 72°，同様に ∠EOB = 72°
同じ様にして ∠COG = ∠DOG = 36°
よって ∠COD = 72°
次に ∠AOC = 180°−72°−36°= 72°
また ∠BOD = 72°
以上によって EA = AC = CD = DB = BE，
即ち EACDB は正五角形である。

ここで $\dfrac{AB}{CD} = \dfrac{2R\sin 72°}{2R\sin 36°} = \dfrac{\sin 72°}{\sin 36°} = \dfrac{2\sin 36°\cos 36°}{\sin 36°} = 2\cos 36°$

$= 2 \times \dfrac{1+\sqrt{5}}{4} = \dfrac{1+\sqrt{5}}{2}$

164 接線と微分法(2)

原点 O を中心とした半径 R の円に接し，
かつ x 軸と 72°，36° をなす直線を描き，
その接点の座標を求める。

円の方程式は $x^2+y^2 = R^2$ より

$y = \pm\sqrt{R^2-x^2} = \pm(R^2-x^2)^{\frac{1}{2}}$

$\dfrac{dy}{dx} = \pm\dfrac{1}{2}(R^2-x^2)^{-\frac{1}{2}} \cdot (-2x) = \mp\dfrac{x}{\sqrt{R^2-x^2}}$

よって A の x 座標は

$\tan 72° = \dfrac{-x}{\sqrt{R^2-x^2}}$

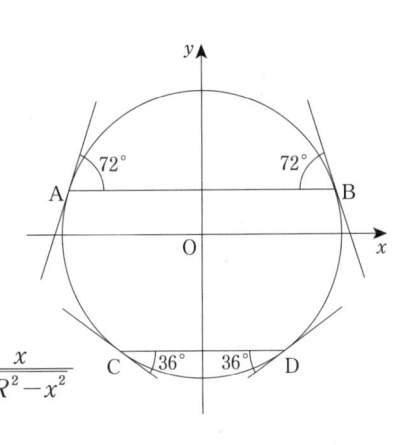

より　$\tan 72° \sqrt{R^2-x^2} = -x$　即ち　$\tan^2 72° (R^2-x^2) = x^2$

∴　$x^2 = R^2 \dfrac{\tan^2 72°}{1+\tan^2 72°} = R^2 \tan^2 72° \cdot \cos^2 72° = R^2 \sin^2 72°$

　　$x = -R \sin 72°$

よって　$AB = 2R \sin 72°$

同様にして　$CD = 2R \sin 36°$

前問により $\dfrac{AB}{CD}$ は正五角形の対角線の長さ ÷ 一辺の長さを表わし

$\dfrac{AB}{CD} = \dfrac{2R \sin 72°}{2R \sin 36°} = \dfrac{\sin 72°}{\sin 36°} = \dfrac{2 \sin 36° \cos 36°}{\sin 36°} = 2 \cos 36°$

$= 2 \times \dfrac{1+\sqrt{5}}{4} = \dfrac{1+\sqrt{5}}{2}$

第14章
積分法

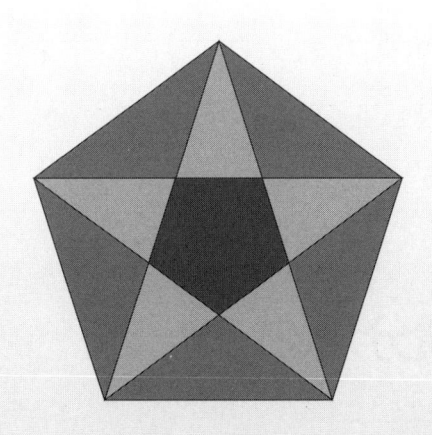

165 積分法(1)

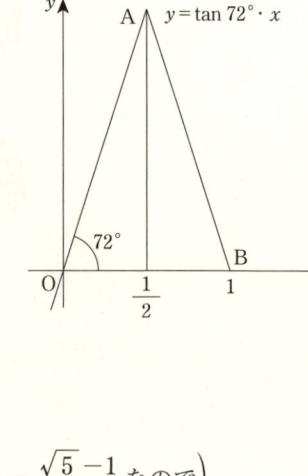

三角形 AOB は鋭角黄金三角形をなす。
ここで AO の距離を求める。
A, O をとおる直線は $y = \tan 72° \cdot x$ であり

$$\int_0^{\frac{1}{2}} \sqrt{1+(y')^2}\, dx = \int_0^{\frac{1}{2}} \sqrt{1+\tan^2 72°}\, dx$$

$$= \int_0^{\frac{1}{2}} \sqrt{\frac{1}{\cos^2 72°}}\, dx = \int_0^{\frac{1}{2}} \frac{1}{\cos 72°}\, dx$$

$$= \left[\frac{1}{\cos 72°} x\right]_0^{\frac{1}{2}} = \frac{1}{2\cos 72°}$$

$$\left(\cos 72° = 2\cos^2 36° - 1 = 2\cdot\left(\frac{1+\sqrt{5}}{4}\right)^2 - 1 = \frac{\sqrt{5}-1}{4}\ \text{なので}\right)$$

$$= \frac{1}{2\cdot\frac{\sqrt{5}-1}{4}} = \frac{1+\sqrt{5}}{2}$$

166 積分法(2)

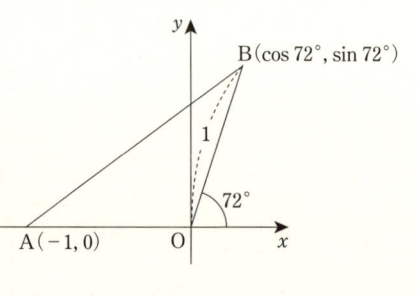

原点と A の距離は 1 であるので,
AB 間の距離 L を求める。
直線 AB は $y - 0 = \frac{\sin 72°}{\cos 72° + 1}(x+1)$
より

$$y = \frac{\sin 72°}{\cos 72° + 1}(x+1)$$

$$L = \int_{-1}^{\cos 72°} \sqrt{1+(y')^2}\, dx = \int_{-1}^{\cos 72°} \sqrt{1+\left(\frac{\sin 72°}{\cos 72°+1}\right)^2}\, dx$$

ここで $\sqrt{1+\left(\dfrac{\sin 72°}{\cos 72°+1}\right)^2} = \sqrt{\dfrac{\cos^2 72°+1+2\cos 72°+\sin^2 72°}{(\cos 72°+1)^2}}$

$$= \frac{\sqrt{2+2\cos 72°}}{\cos 72°+1} = \frac{\sqrt{2}\sqrt{1+\cos 72°}}{\cos 72°+1} = \frac{\sqrt{2}}{\sqrt{1+\cos 72°}}$$

$$= \frac{\sqrt{2}}{\sqrt{2 \cdot \dfrac{1+\cos 72°}{2}}} = \frac{1}{\sqrt{\cos^2 36°}} = \frac{1}{\cos 36°} = \frac{1}{\dfrac{1+\sqrt{5}}{4}} = \frac{4}{1+\sqrt{5}}$$

よって

$$L = \int_{-1}^{\cos 72°} \frac{4}{1+\sqrt{5}}\, dx = \left[\frac{4}{1+\sqrt{5}} x\right]_{-1}^{\cos 72°} = \frac{4}{1+\sqrt{5}} \cos 72° + \frac{4}{1+\sqrt{5}}$$

$$= \frac{4}{1+\sqrt{5}}(\cos 72°+1) = \frac{4}{1+\sqrt{5}} \cdot 2 \cdot \frac{\cos 72°+1}{2} = \frac{4}{1+\sqrt{5}} \cdot 2 \cdot \cos^2 36°$$

$$= \frac{8}{1+\sqrt{5}}\left(\frac{1+\sqrt{5}}{4}\right)^2 = \frac{1+\sqrt{5}}{2}$$

第15章
行列

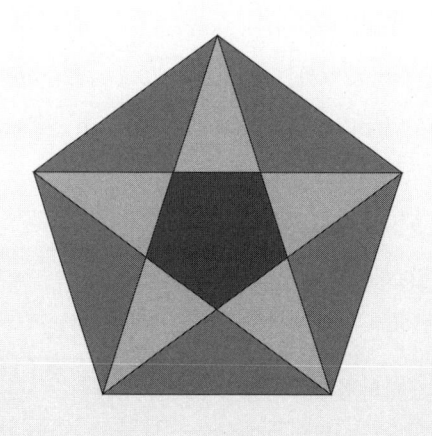

167 行列の回転

座標 (a, b) を $108°$ 回転させたときの座標 (x, y) を求める。

$$\begin{pmatrix} x \\ y \end{pmatrix} = \begin{pmatrix} \cos 108° & -\sin 108° \\ \sin 108° & \cos 108° \end{pmatrix} \begin{pmatrix} a \\ b \end{pmatrix}$$

$$= \begin{pmatrix} \cos 108° \cdot a - \sin 108° \cdot b \\ \sin 108° \cdot a + \cos 108° \cdot b \end{pmatrix}$$

$$= \begin{pmatrix} -\cos 72° \cdot a - \sin 72° \cdot b \\ \sin 72° \cdot a - \cos 72° \cdot b \end{pmatrix}$$

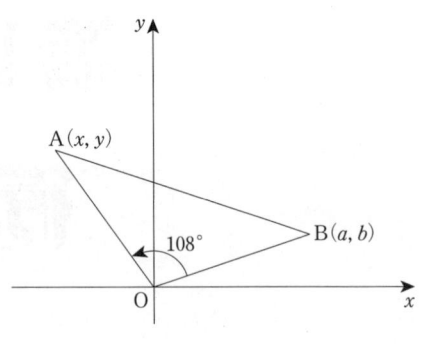

2点間の距離の2乗は

$$(-\cos 72° \cdot a - \sin 72° \cdot b - a)^2 + (\sin 72° \cdot a - \cos 72° \cdot b - b)^2$$

$$= (\cos 72° \cdot a)^2 + (\sin 72° \cdot b)^2 + a^2 + 2 \sin 72° \cos 72° \cdot ab + 2 \cos 72° \cdot a^2$$

$$+ 2 \sin 72° \cdot ab + (\sin 72° \cdot a)^2 + (\cos 72° \cdot b)^2 + b^2 - 2 \sin 72° \cos 72° \cdot ab$$

$$+ 2 \cos 72° \cdot b^2 - 2 \cos 72° \cdot ab$$

$$= a^2 + b^2 + a^2 + b^2 + 2 \cos 72° (a^2 + b^2)$$

$$= 2(a^2 + b^2)(1 + \cos 72°)$$

$$= 4(a^2 + b^2) \cos^2 36°$$

よって $\dfrac{AB}{OB}$ (正五角形の対角線 ÷ 一辺) $= \dfrac{\sqrt{4(a^2 + b^2) \cos^2 36°}}{\sqrt{a^2 + b^2}}$

$$= 2 \cos 36°$$

$$= 2 \cdot \frac{1 + \sqrt{5}}{4} = \frac{1 + \sqrt{5}}{2}$$

168 １次変換

△OBA は鈍角黄金三角形で OB ＝ BA である。
次に C(x, y) は OC ＝ $\dfrac{1+\sqrt{5}}{2}$OB となるような
OA 上の点である。
すると

$$\begin{pmatrix} x \\ y \end{pmatrix} = \frac{1+\sqrt{5}}{2} \begin{pmatrix} \cos 36° & -\sin 36° \\ \sin 36° & \cos 36° \end{pmatrix} \begin{pmatrix} a \\ b \end{pmatrix}$$

$$= 2\cos 36° \begin{pmatrix} \cos 36° & -\sin 36° \\ \sin 36° & \cos 36° \end{pmatrix} \begin{pmatrix} a \\ b \end{pmatrix} = \begin{pmatrix} 2\cos^2 36° \cdot a - 2\sin 36° \cos 36° \cdot b \\ 2\sin 36° \cos 36° \cdot a + 2\cos^2 36° \cdot b \end{pmatrix}$$

このとき　$BC^2 = (2\cos^2 36° \cdot a - 2\sin 36° \cos 36° \cdot b - a)^2$
$\qquad\qquad\qquad + (2\sin 36° \cos 36° \cdot a + 2\cos^2 36° \cdot b - b)^2$
$\qquad\quad = \{(2\cos^2 36° - 1)a - 2\sin 36° \cos 36° \cdot b\}^2$
$\qquad\qquad\qquad + \{2\sin 36° \cos 36° \cdot a + (2\cos^2 36° - 1)b\}^2$
$\qquad\quad = (\cos 72° \cdot a - \sin 72° \cdot b)^2 + (\sin 72° \cdot a + \cos 72° \cdot b)^2$
$\qquad\quad = (\cos 72° \cdot a)^2 + (\sin 72° \cdot b)^2 - 2\sin 72° \cos 72° \cdot ab$
$\qquad\qquad\qquad + (\sin 72° \cdot a)^2 + (\cos 72° \cdot b)^2 + 2\sin 72° \cos 72° \cdot ab$
$\qquad\quad = a^2 + b^2$

また　$OB^2 = a^2 + b^2$
以上より　BC ＝ OB，このとき OB ＝ AB なので A と C は一致する。
よって　$\dfrac{OA}{OB} = \dfrac{1+\sqrt{5}}{2}$

第16章
極座標

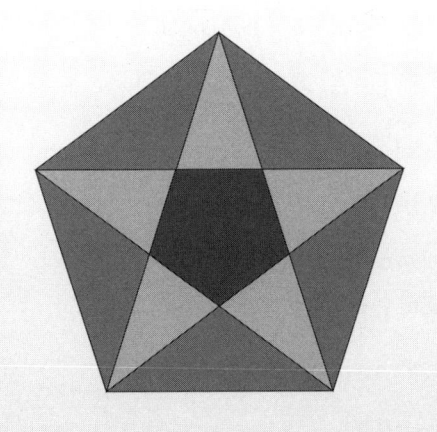

169 極座標

Oを極(原点)とし，A，B，Cを右図のように極座標で表わす。

$$BC = \sqrt{b^2+b^2-2b\cdot b\cos(72°-36°)}$$
$$= \sqrt{b^2+b^2-2b^2\cos 36°}$$
$$= \sqrt{2b^2-2b^2\cos 36°}$$

また，
$$AB = \sqrt{a^2+b^2-2ab\cos 36°}$$

ここで $BC = AB$ より，
$$\sqrt{2b^2-2b^2\cos 36°} = \sqrt{a^2+b^2-2ab\cos 36°}$$

両辺を2乗して整理すると $a+b = 2b\cos 36°$

∴ $\dfrac{a}{b}+1 = 2\cos 36°$

次に $OA = AB$ より，
$$a = \sqrt{a^2+b^2-2ab\cos 36°}$$

両辺を2乗して整理すると $b = 2a\cos 36°$

∴ $\dfrac{b}{a} = 2\cos 36°$

以上から $\dfrac{a}{b}+1 = \dfrac{b}{a}$ となり

$$b^2-ab-a^2 = 0$$

∴ $\dfrac{b}{a} = \dfrac{1+\sqrt{5}}{2}$

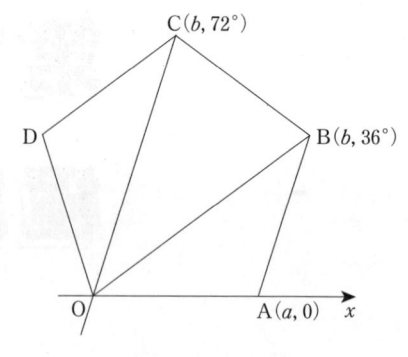

OABCDは正五角形

第17章
複素数平面

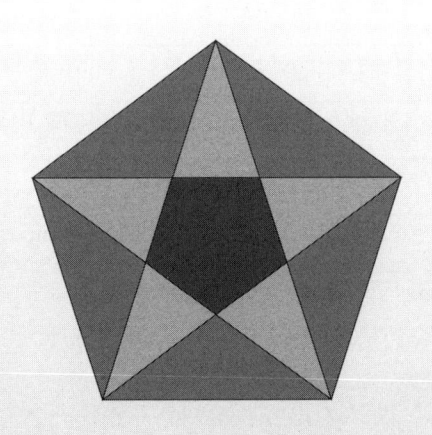

170 複素数平面(1)

右図において

$OP_1 = P_1P_2 = r$ とすると

$Z_1 = r(\cos\alpha + i\sin\alpha)$

$Z_2 = r(\cos\alpha + i\sin\alpha) + r\{\cos(\alpha+72°)$
$\qquad + i\sin(\alpha+72°)\}$

$\quad = r\{\cos\alpha + \cos(\alpha+72°)\}$
$\qquad + ir\{\sin\alpha + \sin(\alpha+72°)\}$

三点 O, P_1, P_2 を結ぶ三角形は鈍角黄金三角形となる。

よって

$OP_1 = |Z_1| = \sqrt{r^2(\cos^2\alpha + \sin^2\alpha)} = r$

$OP_2 = |Z_2| = \sqrt{r^2\{\cos\alpha + \cos(\alpha+72°)\}^2 + r^2\{\sin\alpha + \sin(\alpha+72°)\}^2}$

$\quad = r\sqrt{\cos^2\alpha + 2\cos\alpha\cos(\alpha+72°) + \cos^2(\alpha+72°) + \sin^2\alpha}$
$\qquad \overline{+ 2\sin\alpha\sin(\alpha+72°) + \sin^2(\alpha+72°)}$

$\quad = r\sqrt{(\cos^2\alpha + \sin^2\alpha) + 2\{\cos\alpha\cos(\alpha+72°) + \sin\alpha\sin(\alpha+72°)\}}$
$\qquad \overline{+ \{\cos^2(\alpha+72°) + \sin^2(\alpha+72°)\}}$

$\quad = r\sqrt{2 + 2\cos\{\alpha - (\alpha+72°)\}} = r\sqrt{2 + 2\cos 72°}$

$\quad = r\sqrt{\dfrac{4(1+\cos 72°)}{2}} = 2r\sqrt{\cos^2 36°} = 2r\cos 36° = 2r \cdot \dfrac{1+\sqrt{5}}{4}$

$\quad = \dfrac{1+\sqrt{5}}{2}r$

よって $\dfrac{|Z_2|}{|Z_1|} = \dfrac{\dfrac{1+\sqrt{5}}{2}r}{r} = \dfrac{1+\sqrt{5}}{2}$

171 複素数平面(2)

右図において

$Z_1 = r(\cos\alpha + i\sin\alpha)$

$Z_2 = r(\cos\alpha + i\sin\alpha) + r\{\cos(\alpha+72°)$
$\qquad + i\sin(\alpha+72°)\}$
$\quad = r\{\cos\alpha + \cos(\alpha+72°)\}$
$\qquad + ir\{\sin\alpha + \sin(\alpha+72°)\}$

と表わすことができる。

次に

$Z_3 = \dfrac{1+\sqrt{5}}{2} r\{\cos(\alpha+36°) + i\sin(\alpha+36°)\}$

としたときに,$Z_2 = Z_3$ を示す。

まず $\cos 72° = 2\cos^2 36° - 1 = 2\left(\dfrac{1+\sqrt{5}}{4}\right)^2 - 1 = \dfrac{-1+\sqrt{5}}{4}$

$\qquad \sin 72° = \sqrt{1-\left(\dfrac{-1+\sqrt{5}}{4}\right)^2} = \dfrac{\sqrt{10+2\sqrt{5}}}{4}$

$\qquad \cos 36° = \dfrac{1+\sqrt{5}}{4}$

$\qquad \sin 36° = \sqrt{1-\left(\dfrac{1+\sqrt{5}}{4}\right)^2} = \dfrac{\sqrt{10-2\sqrt{5}}}{4}$

$Z_2 = r\{\cos\alpha + \cos\alpha\cos 72° - \sin\alpha\sin 72°\}$
$\qquad + ir\{\sin\alpha + \sin\alpha\cos 72° + \cos\alpha\sin 72°\}$

$\quad = r\left\{\cos\alpha + \cos\alpha\cdot\dfrac{-1+\sqrt{5}}{4} - \sin\alpha\cdot\dfrac{\sqrt{10+2\sqrt{5}}}{4}\right\}$

$\qquad + ir\left\{\sin\alpha + \sin\alpha\cdot\dfrac{-1+\sqrt{5}}{4} + \cos\alpha\cdot\dfrac{\sqrt{10+2\sqrt{5}}}{4}\right\}$

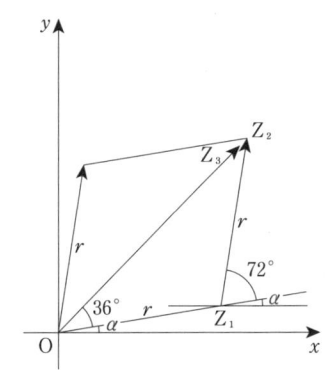

$$= r\left\{\frac{3+\sqrt{5}}{4}\cos\alpha - \frac{\sqrt{10+2\sqrt{5}}}{4}\sin\alpha\right\}$$

$$+ ir\left\{\frac{3+\sqrt{5}}{4}\sin\alpha + \frac{\sqrt{10+2\sqrt{5}}}{4}\cos\alpha\right\}$$

$$Z_3 = r\frac{1+\sqrt{5}}{2}(\cos\alpha\cos 36° - \sin\alpha\sin 36°)$$

$$+ ir\frac{1+\sqrt{5}}{2}(\sin\alpha\cos 36° + \cos\alpha\sin 36°)$$

$$= r\left(\frac{1+\sqrt{5}}{2}\cdot\frac{1+\sqrt{5}}{4}\cos\alpha - \frac{1+\sqrt{5}}{2}\cdot\frac{\sqrt{10-2\sqrt{5}}}{4}\sin\alpha\right)$$

$$+ ir\left(\frac{1+\sqrt{5}}{2}\cdot\frac{1+\sqrt{5}}{4}\sin\alpha + \frac{1+\sqrt{5}}{2}\cdot\frac{\sqrt{10-2\sqrt{5}}}{4}\cos\alpha\right)$$

$$= r\left(\frac{3+\sqrt{5}}{4}\cos\alpha - \frac{\sqrt{10+2\sqrt{5}}}{4}\sin\alpha\right)$$

$$+ ir\left(\frac{3+\sqrt{5}}{4}\sin\alpha + \frac{\sqrt{10+2\sqrt{5}}}{4}\cos\alpha\right)$$

よって $Z_2 = Z_3$

即ち $\dfrac{|Z_3|}{|Z_1|} = \dfrac{|Z_2|}{|Z_1|} = \dfrac{\frac{1+\sqrt{5}}{2}r}{r} = \dfrac{1+\sqrt{5}}{2}$ が示された。

172 単位円と5乗根（複素数平面上の正五角形）

1の5乗根は単位円に内接する正五角形の頂点であり，1つの頂点は点 $(Z_1 = 1)$ にある。

$Z^5 = 1$ より

$\quad Z^5 - 1 = 0$

$\quad (Z-1)(Z^4 + Z^3 + Z^2 + Z + 1) = 0$

$Z_1 = 1$ または $Z^2 + Z + 1 + \dfrac{1}{Z} + \dfrac{1}{Z^2} = 0$

後の式より

$$\left(Z^2 + \dfrac{1}{Z^2}\right) + \left(Z + \dfrac{1}{Z}\right) + 1 = 0$$

$$\left(Z + \dfrac{1}{Z}\right)^2 - 2 + \left(Z + \dfrac{1}{Z}\right) + 1 = 0$$

ここで $Z + \dfrac{1}{Z} = X$ とおくと

$\quad X^2 + X - 1 = 0$ より $X = \dfrac{-1 \pm \sqrt{5}}{2}$

$\therefore \quad Z + \dfrac{1}{Z} = \dfrac{-1 \pm \sqrt{5}}{2}$ となって

$\quad Z^2 - \dfrac{-1 \pm \sqrt{5}}{2} Z + 1 = 0$

これを解いて

$\quad Z_2 = \dfrac{-1+\sqrt{5}}{4} + \dfrac{\sqrt{10+2\sqrt{5}}}{4} i , \quad Z_3 = \dfrac{-1+\sqrt{5}}{4} - \dfrac{\sqrt{10+2\sqrt{5}}}{4} i$

$\quad Z_4 = \dfrac{-1-\sqrt{5}}{4} + \dfrac{\sqrt{10-2\sqrt{5}}}{4} i , \quad Z_5 = \dfrac{-1-\sqrt{5}}{4} - \dfrac{\sqrt{10-2\sqrt{5}}}{4} i$

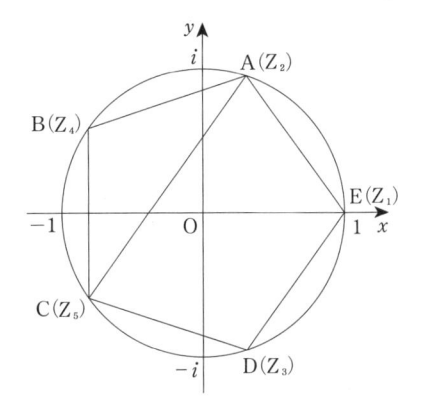

$$AC = |Z_2 - Z_5|$$

$$= \left|\left(\frac{-1+\sqrt{5}}{4} + \frac{\sqrt{10+2\sqrt{5}}}{4}i\right) - \left(\frac{-1-\sqrt{5}}{4} - \frac{\sqrt{10-2\sqrt{5}}}{4}i\right)\right|$$

$$= \left|\frac{2\sqrt{5}}{4} + \frac{\sqrt{10+2\sqrt{5}} + \sqrt{10-2\sqrt{5}}}{4}i\right|$$

$$= \sqrt{\frac{20}{16} + \frac{10+2\sqrt{5} + 10-2\sqrt{5} + 2\sqrt{10+2\sqrt{5}}\sqrt{10-2\sqrt{5}}}{16}}$$

$$= \sqrt{\frac{40+2\sqrt{80}}{16}} = \frac{\sqrt{40+8\sqrt{5}}}{4} = \frac{\sqrt{10+2\sqrt{5}}}{2}$$

$$AB = |Z_2 - Z_4|$$

$$= \left|\left(\frac{-1+\sqrt{5}}{4} + \frac{\sqrt{10+2\sqrt{5}}}{4}i\right) - \left(\frac{-1-\sqrt{5}}{4} + \frac{\sqrt{10-2\sqrt{5}}}{4}i\right)\right|$$

$$= \left|\frac{2\sqrt{5}}{4} + \frac{\sqrt{10+2\sqrt{5}} - \sqrt{10-2\sqrt{5}}}{4}i\right|$$

$$= \sqrt{\frac{20}{16} + \frac{10+2\sqrt{5} + 10-2\sqrt{5} - 2\sqrt{10+2\sqrt{5}}\sqrt{10-2\sqrt{5}}}{16}}$$

$$= \sqrt{\frac{40-2\sqrt{80}}{16}} = \frac{\sqrt{40-8\sqrt{5}}}{4} = \frac{\sqrt{10-2\sqrt{5}}}{2}$$

よって $\dfrac{AC}{AB} = \dfrac{\sqrt{10+2\sqrt{5}}}{\sqrt{10-2\sqrt{5}}} = \dfrac{\sqrt{10+2\sqrt{5}}\sqrt{10-2\sqrt{5}}}{\left(\sqrt{10-2\sqrt{5}}\right)^2} = \dfrac{\sqrt{80}}{10-2\sqrt{5}}$

$$= \frac{2\sqrt{5}}{5-\sqrt{5}} = \frac{2\sqrt{5}(5+\sqrt{5})}{(5-\sqrt{5})(5+\sqrt{5})} = \frac{10\sqrt{5}+10}{20} = \frac{1+\sqrt{5}}{2}$$

あとがき

　正五角形の一辺と対角線のそれぞれの長さの比が黄金比であることの証明は多くの学習参考書でもみられるようになじみの深い問題である。2つの三角形の相似関係から2次方程式を導くのが早道の1つであるが，実は，いろいろな定理や公式を使うことで多くの解決方法がある訳です。高校での履習内容の範囲は広く，今回は主にそのなかから証明方法を探ってみた。

　有名なピタゴラスの定理については，古くから興味深い多くの証明の方法が示されてきている。本書ではこの黄金比について172種類の証明方法を導いたが，そのなかには，まず計算で求めた

$$\cos 36° = \frac{1+\sqrt{5}}{4}\left(黄金比 \times \frac{1}{2}\right)$$

を使ったものも含まれている。また2～3行の説明で済むものをわざわざ多くの行を費やして別の方法で計算したり，簡単な距離の値を求めるのに積分法を使ったケースも含まれている。

　しかしこの辺り，つまりいろいろな角度から問題の解き方を考えることが数学を愛する者にとって楽しみとなっているのも事実である。この本を興味を持って読んでいただいたとすれば著者にとって大きな喜びである。

2011年1月

若原龍彦

著者略歴

若原　龍彦（わかはら　たつひこ）

1945年　愛知県生まれ。岐阜高校から東京外国語大学ドイツ語学科卒業。ゼミでは経営学を専攻。

1969年　東京海上火災保険㈱（現在の東京海上日動火災保険㈱）入社。勤務地の東京，大阪，北九州，名古屋では主に損害保険の営業部門で活躍。

2005年12月　定年退職。暫く予備校（代々木ゼミナール名古屋校）へ通う。

2007年4月　岐阜大学工学部数理デザイン工学科入学。数学，物理に興味を持ち，現在，計算数理講座で数学（代数学）を専攻。岐阜県各務原市在。

著　書：「図と数式で表す黄金比のふしぎ」（プレアデス出版）

$$\text{正五角形の}\frac{\text{対角線の長さ}}{\text{一辺の長さ}} = \text{黄金比}$$
を示す172の証明

2011年2月7日　　　　　　　　初版発行

著者
若原　龍彦
発行・発売
創英社／三省堂書店
〒101-0051　東京都千代田区神田神保町1-1
Tel：03-3291-2295　　Fax：03-3292-7687
制作／㈱新後閑
印刷／製本　㈱新後閑

©Tatsuhiko Wakahara, 2011　　　　Printed in Japan
ISBN978-4-88142-507-7 C1041
落丁，乱丁本はお取替えいたします。